海上交通安全確保のために、"艦艇"が行う様々な訓練！

①入港作業：ベテランの活躍

②-1（左）、②-2（右）旗りゅう信号：素早く！正確に！

③六分儀で天体観測、艦位測定　　④外国海軍艦艇との共同訓練・親善訓練

⑤近接運動訓練：ハイライン、洋上補給に備えての基本訓練

⑥ハイライン：索引きも重要な作業

⑦洋上補給：補給艦から給油管を取り込む

⑧洋上補給を行う補給艦と護衛艦

⑨-1 輸送艦「おおすみ」ヘリ管制室から：搭載ヘリ、まもなく発艦

⑨-2 発艦！任務に向かう。

⑩2001年３月東チモール国際平和協力業務：チモール島スアイの地に、初めて上陸するＬＣＡＣ

⑪入港直前：前甲板の光景

⑫自衛艦旗降下時のラッパ吹奏

⑬艦艇から見えた水平線
　にかかる虹

⑭東チモールの子供たち。指をさす少女の向こうに見えるは輸送艦「おおすみ」

山村洋行　著

海を守る海上自衛隊　艦艇の活動

交通ブックス

221

交通研究協会発行
成山堂書店発売

本書の内容の一部あるいは全部を無断で電子化を含む複写複製
（コピー）及び他書への転載は，法律で認められた場合を除いて
著作権者及び出版社の権利の侵害となります。成山堂書店は著
作権者から上記に係る権利の管理について委託を受けています
ので，その場合はあらかじめ成山堂書店（03-3357-5861）に
許諾を求めてください。なお，代行業者等の第三者による電子
データ化及び電子書籍化は，いかなる場合も認められません。

まえがき

　本書「海を守る海上自衛隊─艦艇の活動─」を執筆するきっかけは、私が海上自衛官向けに編纂された「海上自衛官ダイアリー」（成山堂書店発行）を購入したことにあります。

　この「ダイアリー」は資料がとても充実しているのですが、その中の「自衛艦乗員服務規則（抜粋）」に目が止まりました。「自衛艦乗員服務規則」は艦長、当直士官等自衛艦に乗り組む海上自衛官の服務の本旨などを規定していますが、「ダイアリー」の資料では「艦長」の項目が掲載されていませんでした。

　当直士官等の職務については記載されているのに、艦の最高指揮官・最高責任者である「艦長」の項目が欠落していては資料が当直士官等の単なる手引書になってしまいます。このことに思いをいたし、僭越ながらも発行元の成山堂書店に資料「自衛艦乗員服務規則（抜粋）」に「艦長」の項目を追加掲載することが適当との意見を送付しました。成山堂書店には、さっそくこの意見を取り入れてもらい、翌年から資料「自衛艦乗員服務規則（抜粋）」に「艦長」の項目が追加掲載となったのです。

　これが縁となり、成山堂書店の担当者と海上自衛隊の活動等に関する意見交換、情報交換を行うようになりました。

　その後担当者から「海上交通の安全を守る」を主旨とした「海上自衛隊の艦艇（主として護衛艦）の活動・仕事に関することの概説」を「交通ブックスシリーズ」として発刊したい、と企画の相談がありました。

同シリーズの「海を守る仕事」というテーマで書かれたもので
は、海上保安庁の仕事を紹介した『海上保安庁　巡視船の活動』
『海を守る　海上保安庁巡視船』が既刊としてありますが、海上
自衛隊の艦艇の活動・仕事を紹介した書籍は見当たらず、これを
ぜひラインナップに加えたい、とのことでした。

　私は、護衛艦 4 隻、練習艦 1 隻、輸送艦 1 隻、合計 6 隻の艦長、
そして練習艦 3 隻編成の隊司令（第 1 練習隊司令）ならびに輸送
艦 2 隻編成時の初代第 1 輸送隊司令を歴任しました。34 年間の
海上自衛隊勤務期間のうち艦艇勤務が 23 年、そのうち指揮官た
る艦長、隊司令の勤務期間は約 10 年でした。艦艇勤務者として
長期にわたる海上勤務を経験し、幸運であったと思っています。

　また、国防のため、海上交通の安全のために、貢献できたので
はないかと密かに自負しています。

　退官してすでに 15 年余りが経ちました。現在は「NPO 法人
平和と安全ネットワーク」事務局長として同法人運営の防衛・防
災等安全保障関連情報を配信するウェブサイト「チャンネル
Nippon」に深く関わっており、2009（平成 21）年から同サイ
トにおいて「艦長シリーズ」を執筆・掲載し、現在も配信を続け
ています。

　海上自衛隊 OB として、成山堂書店からのこの執筆依頼に対し
感謝申し上げるとともに、海上交通の安全確保に大きく関わる海
上自衛隊の艦艇部隊を広く紹介できる絶好の機会と捉え、主とし
て艦長職にあった時の教訓等を中心に執筆しました。

　なお、近年は自衛隊の活動、特に「弾道ミサイル発射対処」「災
害派遣」の状況がマスコミで広く取り上げられていることから、

これらの活動については多くの方が認識を深めていると考え、接する機会が少ない艦艇部隊が日頃行っている業務・活動に重点を置いています。

詰めも甘く、荒っぽい文章かもしれません。また、海上自衛隊の艦艇の仕事を「海上交通」という観点から紹介する難しさもあり、読者の皆様のご期待に沿うことができるか、はなはだ自信がありませんが精一杯筆を進めて参りました。

2018 年 5 月

山 村 洋 行

目　　次

まえがき

第1章　海上自衛隊とは？

　　1　歴　　　史 ………………………………………… *1*
　　2　組織・編成 ………………………………………… *6*
　　　　　①自衛隊の運用体制／②自衛艦隊／③地方隊／
　　　　　④海上自衛隊の主要基地
　　3　仕事・任務 ………………………………………… *9*
　　(1) 海洋と日本 ……………………………………… *9*
　　(2) 海上防衛の特色 ………………………………… *10*
　　(3) 海上自衛隊の仕事・任務とその変遷 ………… *12*
　　　1)"整備と訓練"の時代 …………………………… *12*
　　　2)"運用"の時代 …………………………………… *12*
　　　　　①ペルシャ湾への掃海部隊派遣
　　　　　②インド洋における補給支援活動
　　　　　③ソマリア沖海賊対処活動

第2章　艦艇の紹介

　　1　様々な艦艇 ………………………………………… *19*
　　2　艦内の組織・編成 ………………………………… *23*
　　(1) 艦 内 編 成 ……………………………………… *23*
　　(2) 科編成・各科の所掌 …………………………… *24*
　　　　　①砲雷科／②船務科／③航海科／④機関科／
　　　　　⑤補給科・衛生科／⑥飛行科
　　(3) 士　　　官 ……………………………………… *26*
　　(4) 下士官・兵 ……………………………………… *27*
　　(5) 分 隊 編 成 ……………………………………… *28*
　　3　海上防衛に占める艦艇の役割と特色 ………… *28*
　　(1) 防衛的役割 ……………………………………… *29*
　　　1) 国土・周辺海域の防衛 ……………………… *29*

2) 海上交通の安全確保 ………………………………………… *30*
　(2) 警察的役割 ………………………………………………………… *30*
　(3) 外交的役割 ………………………………………………………… *31*

第3章　艦艇の業務・海上交通を守る

　1　航海中の業務……………………………………………………………… *34*
　(1) 実　任　務 ………………………………………………………… *34*
　　1) 東チモール国際平和協力業務 ……………………………… *37*
　　2) 遠洋練習航海 …………………………………………………… *49*
　　　①パルミラに向かう、第3戦速！
　　　② Fourteen knots KASHIMA
　(2) 訓　　　練 ………………………………………………………… *54*
　　1) 個 人 訓 練 ……………………………………………………… *55*
　　2) 個 艦 訓 練 ……………………………………………………… *56*
　　　①安全航行のための基本的訓練
　　　②「NAVAL SHIP」としての訓練
　　3) 部隊訓練（各種戦訓練）………………………………………… *65*
　　　①対潜水艦戦（Anti-Submarine Warfare：ASW）訓練
　　　②対空戦（Air Warfare：AW）訓練
　　　③対水上戦（Surface Warfare：SUW）訓練
　　4) 射撃訓練・発射訓練 …………………………………………… *79*
　　　①大砲・機関砲射撃訓練
　　　②ミサイル射撃訓練
　　　③短魚雷・ASROC 発射訓練
　　5) 洋上補給訓練 …………………………………………………… *91*
　　6) 戦闘訓練 ………………………………………………………… *102*
　(3) 諸外国との共同訓練・親善訓練 ……………………………… *106*
　2　停泊中の業務……………………………………………………………… *108*
　(1) 日　　　課 ………………………………………………………… *109*
　(2) 日 例 会 報 ……………………………………………………… *111*
　　　①気象報告／②当直報告／③各科長等士官からの報告／
　　　④先任伍長からの報告／⑤副長からの報告／⑥艦長示達
　(3) 作　　　業 ………………………………………………………… *115*
　　1) 整 備 作 業 ……………………………………………………… *115*
　　2) 停 泊 訓 練 ……………………………………………………… *116*

目　次　vii

　　3）訓　　　育‥‥‥‥‥‥‥‥‥‥‥‥‥‥‥‥‥‥‥‥‥‥‥‥ *120*
　　4）体　　　育‥‥‥‥‥‥‥‥‥‥‥‥‥‥‥‥‥‥‥‥‥‥‥‥ *121*

第4章　艦　　　長

　1　艦長への道‥‥‥‥‥‥‥‥‥‥‥‥‥‥‥‥‥‥‥‥‥‥‥‥ *122*
　　(1) 幹部候補生時代‥‥‥‥‥‥‥‥‥‥‥‥‥‥‥‥‥‥‥‥ *122*
　　　　①五省
　　　　②スマートで　目先が利いて　几帳面　負けじ魂　これぞ船乗り
　　　　③クラス
　　(2) 初級士官時代‥‥‥‥‥‥‥‥‥‥‥‥‥‥‥‥‥‥‥‥ *126*
　　(3) 中堅士官時代‥‥‥‥‥‥‥‥‥‥‥‥‥‥‥‥‥‥‥‥ *134*
　2　そして、艦長　―初めてわかる艦長の椅子の座り心地―　‥ *137*
　3　艦　　　長‥‥‥‥‥‥‥‥‥‥‥‥‥‥‥‥‥‥‥‥‥‥‥ *139*
　　(1) 自衛艦乗員服務規則‥‥‥‥‥‥‥‥‥‥‥‥‥‥‥‥‥ *139*
　　(2) 艦長の権限と責任‥‥‥‥‥‥‥‥‥‥‥‥‥‥‥‥‥‥ *140*
　　(3) 艦長の業務・仕事の具体例‥‥‥‥‥‥‥‥‥‥‥‥‥‥ *141*
　　　　①出入港時の操艦／②航海計画／③針路、速力の変換／
　　　　④砲の発砲命令、魚雷の発射命令／⑤避航
　4　艦長勤務余話‥‥‥‥‥‥‥‥‥‥‥‥‥‥‥‥‥‥‥‥‥‥ *143*
　　(1) 練習艦「かしま」艦長（平成8年度遠洋練習航海）‥‥‥ *143*
　　　1）タイ王国バンコク入港‥‥‥‥‥‥‥‥‥‥‥‥‥‥‥ *147*
　　　2）オーストラリア連邦アデレードでのこと‥‥‥‥‥‥‥ *149*
　　　3）パプアニューギニア独立国ポートモレスビーでのこと‥ *150*
　　　4）米海軍太平洋艦隊司令官の講話‥‥‥‥‥‥‥‥‥‥‥ *151*
　　　　① Working Hard
　　　　②部下より先にメシを食うな
　　(2) 輸送艦「おおすみ」艦長‥‥‥‥‥‥‥‥‥‥‥‥‥‥‥ *152*
　　　1）初代艦長の重み‥‥‥‥‥‥‥‥‥‥‥‥‥‥‥‥‥‥ *152*
　　　2）輸送艦「おおすみ」の特殊性‥‥‥‥‥‥‥‥‥‥‥‥ *154*
　　　3）余話：艦内神社と記念植樹‥‥‥‥‥‥‥‥‥‥‥‥‥ *156*
　　　4）就役訓練―ただならぬLCAC訓練―‥‥‥‥‥‥‥‥‥ *158*

補章　海上交通安全確保のための Seamanship

　　　1）操艦は「可」でよし　行船は「名人」であるべし‥‥‥ *166*
　　　2）頭より速く艦（フネ）を走らすな‥‥‥‥‥‥‥‥‥‥ *167*

viii

3）朝日（夕陽）とサングラス、夜航海とサングラス ········· *167*
4）慣れた航路も初航路 ································· *168*
5）スマートで 目先が利いて 几帳面 負けじ魂 これぞ船乗り ··· *169*
6）謙虚さと注意深さ ······························· *170*

あ と が き ─────────────────────── *172*

本書掲載の写真のうちで、出典が「海上自衛隊 HP」「海上自衛隊横須賀地方隊 HP」「海上自衛隊幹部候補生学校 HP」の各アドレスは下記の通りです。

海上自衛隊ホームページ：http://www.mod.go.jp/msdf/
海上自衛隊横須賀地方隊ホームページ：http://www.mod.go.jp/msdf/yokosuka/
海上自衛隊幹部候補生学校ホームページ：http://www.mod.go.jp/msdf/mocs/mocs/

第1章　海上自衛隊とは？

1　歴　　史

　本書の始めに当たり、海上自衛隊の生い立ちからの歴史を概観します。

　1945（昭和20）年、日本はポツダム宣言を受諾し、日本陸軍および日本海軍は解体されました。解体時点から日本の防衛は米軍を中心とする進駐軍が担うのですが、1950年6月、北朝鮮が韓国を奇襲し朝鮮戦争が勃発、在日米軍が朝鮮半島に展開せざるを得ない状況となりました。当時日本の防衛を担当していた在日米軍がいなくなるわけですから、日本の防衛に空白が生じることとなったのです。

　この事態を受け、進駐軍司令官マッカーサー元帥は日本防衛の空白を埋めるため日本政府に治安部隊の創設を急がせる旨の書簡を送りました。そして同年8月、日本に警察予備隊が発足しました。警察予備隊は陸上自衛隊の起源となります。

　このように陸上自衛隊の設立については、朝鮮戦争勃発を契機としてアメリカ主導で進められたのですが、海上自衛隊の創設については、終戦直後からの旧日本海軍関係者による海軍再建計画がその発端となります。海軍再建計画が本格的に研究されるのは1948年以降なのですが、折しも1950年勃発の朝鮮戦争における日本掃海部隊の活躍は目覚ましく、極東米海軍当局に対し日本海軍の再建が急務と認識させることとなりました。

終戦後の日本近海での掃海作業は米海軍掃海部隊が、米海軍掃海部隊の引き上げ後は当時の第二復員局の旧日本海軍部隊が実施していました。その後、日本はアメリカからの勧告に基づき沿岸警備隊を創設することとなり、1948年海上保安庁が設置され、これに合わせて掃海部隊は海上保安庁に所属することとなりました。

　日本掃海部隊は朝鮮戦争における元山上陸作戦での米軍からの掃海部隊派遣要請に応え、約2か月間にわたる掃海作業を実施しました。掃海艇46隻、隊員約1,200名が掃海作業に従事、掃海艇2隻沈没、隊員1名死亡、8名負傷という犠牲を払いましたが、その勇敢な行動により米海軍の旧日本海軍に対する評価は大いに高まりました。

　このような情勢を受け、海軍再整備の必要性に関する旧日本海軍関係者と極東米海軍当局との意見交換が行われ、結果、1951年、米軍統合参謀本部は日本防衛軍の建設が喫緊の課題として、陸海軍体制創設の意向を示します。これに呼応して1952年3月「改正海上保安庁法」が成立・施行、海上警備隊が創設されましたが、海上警備隊は同年8月1日に警備隊と名称変更、海上保安庁から分離して発足した保安庁（防衛庁の前身）に移管となりました。

　そして1954年6月9日、「防衛庁設置法」および「自衛隊法」が公布され、7月1日、陸・海・空自衛隊が発足しました。

図1-1　勇壮になびく自衛艦旗

　海上自衛隊創設の発端は朝鮮戦争における「掃海」作業

となりますが、ここで「掃海」について、その概要を紹介してお
きます。

　戦争になりますと、敵対国は重要港湾や海峡等に機雷（海の地
雷）を敷設し、その国の海上交通路を遮断する作戦を行うことが
あります。これは、貿易の90数％を海上交通路に依存する日本
のような国にとっては、国の存立に関わる状況となります。

　「掃海」とは、これら敷設された機雷の除去、処分等を実施する
もので、日本にとって極めて重要な業務と言えます。海上自衛隊
の掃海部隊は、現在も、先の大戦において日本の港湾等に敷設さ
れた機雷の除去等を行い海上交通路の安全確保に貢献しています。

　また、1991（平成3）年にはペルシャ湾へ掃海部隊が派遣され、
同海域において多数の機雷を除去し、国際社会から高い評価を受
けました。近年は西太平洋掃海訓練など海外での訓練機会も増加
しており、「掃海」という業務の重要性がさらに認識されています。

　ところで発足後の自衛隊は徐々に防衛力を整備していくのです
が、その概要は以下のとおりです。

　1957（昭和32）年3月、「国防の基本方針」が閣議決定され
ました。これに基づき3年または5年を対象期間とする防衛力
整備計画が、昭和33年度から昭和51年度に至る第1次防衛力
整備計画（1次防）〜第4次防衛力整備計画（4次防）と4次に
わたって策定され、計画期間中の整備方針、主要整備内容、整備
数量なども示され、海上自衛隊の兵力は充実していきます。1次
防〜4次防において建造された代表的な護衛艦の写真を図1-2〜
1-5に紹介します。（なお、ここで紹介した護衛艦は、いずれも
退役しています）

図1-2 1次防計画艦 ミサイル護衛艦「あまつかぜ」
1960（昭和40）年就役

図1-3 2次防計画艦 護衛艦「やまぐも」
1966（昭和41）年就役

図1-4 3次防計画艦 ヘリコプター搭載護衛艦「ひえい」
1974（昭和49）年就役

図1-5 4次防計画艦 ヘリコプター搭載護衛艦「しらね」
1980（昭和55）年就役

　昭和52年度以降は昭和51年度までの防衛力整備計画のように期間中の整備内容を主体とせず、世界情勢に応じ今後の日本の防衛のあり方についての指針として「防衛計画の大綱」が示され、大綱に基づく「中期防衛力整備計画」（中期防）により防衛力整備を推進することになりました。

　今まで策定された「防衛計画の大綱」は、「昭和52年度以降に係る防衛計画の大綱」（51大綱）、「平成8年度以降に係る防衛計画の大綱」（07大綱）、「平成17年度以降に係る防衛計画の大綱」（16大綱）、「平成23年度以降に係る防衛計画の大綱」（22大綱）があり、最新のものは2013（平成25）年12月に決定された「国家安全保障戦略」に基づく「平成26年度以降に係る防衛計画の大綱」（25大綱）と平成26年度から5年間の「中期防衛力整備計画」（中期防）です。

　従来の大綱は1957（昭和32）年の「国防の基本方針」に基づいて策定されていましたが、25大綱は新たに決定された「国家安全保障戦略」に基づいて策定されたことに大きな特徴があります。

また、中期防では重視対処事態として島嶼部に対する攻撃への対処、弾道ミサイル攻撃への対処、宇宙空間およびサイバー空間における対応、大規模災害等への対応、国際平和協力業務等への対応などが掲げられ、海上自衛隊艦艇の整備としては多様な任務への対応能力の向上と船体のコンパクト化を両立させた護衛艦を導入するとされ、期間中イージス艦2隻を含む護衛艦5隻の建造が計画されています。

　1958（昭和33）年の1次防開始から60年、海上自衛隊は護衛艦等の主要艦艇が47隻、潜水艦17隻、練習艦等29隻、合計108隻、補助艦艇を加えると約140隻を保有するに至っており、このうち護衛艦にあっては近い将来イージス艦8隻を含む54隻の勢力となります。海上自衛隊は次に述べる任務・行動の変化に柔軟に対応できるよう準備をしているのです。

2　組織・編成

　海上自衛隊の組織・編成は図1-6のとおりであり、隊員約45,200人をもって編成されています。主要な実動部隊としては、機動的に部隊を運用する「自衛艦隊」、担当警備

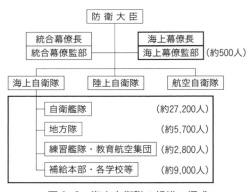

図1-6　海上自衛隊の組織・編成

区の警備および自衛艦隊等の後方支援を行う「地方隊」、教育部隊である「練習艦隊」と「教育航空集団」および物品等補給を担当する「補給本部」があり、隊員の戦術スキル等向上の教育を担当する機関として各学校等があります。

①自衛隊の運用体制

　自衛隊の運用体制は陸・海・空自の統合運用となっています。統合幕僚長が軍事専門的観点から防衛大臣を一元的に補佐します。自衛隊に対する防衛大臣の指揮は、統合幕僚長を通じて行い、自衛隊に対する防衛大臣の命令は、統合幕僚長が執行することになっています。自衛隊の部隊運用の責任は統合幕僚長にあり、陸・海・空の各幕僚長は、人事、教育、統合訓練以外の各自衛隊独自の訓練、防衛力整備など、部隊運用以外の責任を有します。

②自衛艦隊

　「自衛艦隊」は図1-7のとおり、護衛艦を中核として編成される「護衛艦隊」、航空機をもって構成される「航空集団」、潜水艦を運用する「潜水艦隊」および掃海母艦、掃海艇、輸送艦等が所属する「掃海隊群」、そして情報業務群をもって編成され、艦艇、航空機など海上自衛隊の主要装備を保有する部隊であり、海上自

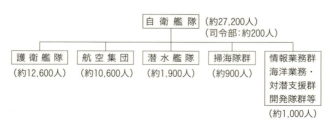

図1-7　自衛艦隊の編成

衛隊実動部隊の中核としての役割を果たしています。

　③地方隊

「地方隊」は横須賀、呉、佐世保、舞鶴および大湊の5か所で、担当する警備区の防衛・警備を担当します。地方隊の指揮官は地方総監であり、地方総監の指揮下にある艦艇部隊は、通常、掃海艇2〜3隻の掃海隊のみですが、必要な場合は、これに加えて一定規模の護衛艦等艦艇、航空機を指揮することがあります（図1-8）。

　海上自衛隊の主要部隊の所在地は図1-9のとおりで、地方隊の担当警備区は点線によって示しています。

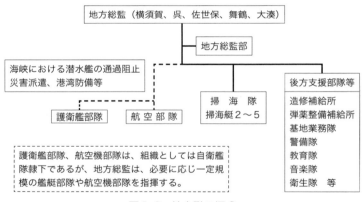

図1-8　地方隊の編成

④海上自衛隊の主要基地

図1-9　海上自衛隊主要部隊所在地

3　仕事・任務

(1)　海洋と日本

　日本は海に囲まれた海洋国家です。国土面積は広くありませんが、経済的な主権を行使できる排他的経済水域（EEZ）の面積は国土の12倍と広大で、世界第6位を誇ります。海洋は天然の防壁としての役割を果たすとともに、豊富な漁業資源の供給源であり、また、物資の大量輸送を可能とする海上交通路の提供元でもあります。そして、これが日本に繁栄をもたらしてきた要因の一つであることは言うまでもありません。

　一方、日本においては天然資源の産出がほとんどなく、資源の

輸入は海上交通路を経由しての貿易に依存しています。海上交通路を経由しての貿易量は、日本の総貿易量（輸出入合計）の99％超にのぼります。

日本の生存、安全保障の確保には海上交通路を安定して維持することが重要なのです。

(2) 海上防衛の特色

日本における海上防衛とはどのようなものなのでしょうか。海上自衛隊の仕事・任務・活動の記述に入る前に述べておきましょう。

海上防衛力には、次の5つの特性があります。

i　機動性…必要な時、必要な場所に展開・集中、分散できること。

ii　多目的性…平時から有事の多様な事態に対応できること。

iii　持続性…長期間にわたる活動が可能なこと。

iv　柔軟性…事態の進展、緊迫度に応じて幅広い選択肢が提供できること。

v　国際性…他国の主権を侵すことなく、自国の意志と威信を示し、主権を代表し得ること。

また、海上防衛力には図1-10に示すように、防衛的役割、警察的役割および外交的役割の3つの役割があります。防衛的役割には「国土・周辺海域の防衛」と「海上交通の安全確保」の海上自衛隊が最重要と位置付ける2つの任務があります。

図 1-10　海上防衛力の役割

　海洋秩序維持への寄与という観点からは、災害派遣、機雷等の除去、警戒監視活動、場合によっては海上における警備行動など、警察的役割も遂行します。

　さらには、諸外国との防衛交流、国際緊急援助活動、国際平和協力業務および共同訓練・親善訓練を通じて外交目的達成に寄与するという外交的役割も担います。

　このように、海上防衛の役割は極めて重要なものがあり、海上自衛隊は平素から訓練、任務を通じて海上防衛の役割を担当し、いかなる事態にも即応できる体制を維持しているのです。

(3) 海上自衛隊の仕事・任務とその変遷

1）“整備と訓練”の時代

　海上自衛隊は、創設以来、段階的な防衛力の整備とともに訓練を重ね、1955（昭和30）年には初めての海上自衛隊演習を実施するなど、着実に力を付けてきました。そして1980（昭和55）年にはリムパック（環太平洋合同演習、RIMPAC：Rim of the Pacific Exercise）への初参加、1986年には初の日米統合実動演習を行うなど、米海軍との共同も濃密なものとなってきました。

　海上自衛隊は創設から1989年12月の米ソ冷戦時代終結まで、ひたすら艦艇等装備の充実と対潜戦、対空戦などの訓練に励み、戦術技量の向上に邁進したのです。

　このように創設から冷戦時代終結までの海上自衛隊は“整備と訓練”の時代であったのですが、この時代が一変する事態が発生します。

2）“運用”の時代

①ペルシャ湾への掃海部隊派遣

　1991年1月17日、多国籍軍によるイラク空爆で湾岸戦争が始まりました。2月には地上軍がイラク領内に侵攻し、100時間余りという短時間で勝敗が決し、湾岸戦争は同年3月3日に終結しました。

　日本は多国籍軍への財政支援、物資補給などを行っていましたが、多国籍軍を構成するNATO（北大西洋条約機構）諸国と異なり、兵力の派遣など人的な貢献を行わなかったことに、湾岸戦争を主導したアメリカから厳しく非難されます。

　この情勢を受け、日本政府はイラク軍がペルシャ湾北部海域に

敷設した残存機雷の除去に海上自衛隊を派遣することを決断します。

掃海母艦「はやせ」を旗艦とし、掃海艇4隻および補給艦1隻による「ペルシャ湾掃海部隊」が派遣され、同年6月5日から9月11日までの99日間、掃海作業に当たりました。日本から離れること19,000km、連日気温40℃を超す中で200個の機雷を除去するという過酷な作業に従事、任務を完遂しました。

この「ペルシャ湾掃海部隊」の貢献はアメリカをはじめ諸外国から大いに評価されました。ペルシャ湾におけるこの活動から、国際平和への積極的な貢献が必要との認識が日本国内においても高まり、翌1992年の「国際平和協力法」制定へとつながり、自衛隊は国際平和維持活動としてカンボジア、モザンビーク、東チモールなどに派遣されていきます。

ペルシャ湾での掃海作業はまさに自衛隊活動のターニングポイントで、以後海上自衛隊の海外派遣の頻度は高くなっていきます。第3章でも述べますが、ペルシャ湾への掃海部隊派遣以降の代表的な海外派遣活動を、続けて2件紹介します。

②インド洋における補給支援活動

ペルシャ湾への掃海部隊派遣後、海上自衛隊は海外での任務行動に数多く従事するようになります。代表的な一つがインド洋における補給支援活動です。2001（平成13）年9月11日、アメリカにおいて同時多発テロ事件が起きました。同年10月、アメリカは有志連合とともにアフガニスタンに報復攻撃を開始します。

「不朽の自由作戦」

同年11月、日本では「テロ対策特措法」が成立し、日本は補

給艦および護衛艦をインド洋に派遣し、インド洋において「不朽の自由作戦」の「海上阻止行動」[注1]に従事する米軍などの艦船に洋上給油・補給を行って、その活動を支援します。日本の補給支援部隊が海上阻止行動に従事する艦船に対し、海上において燃料などの補給ができるため、当該艦船が補給のために行動海域を離れて港に向かうことが不要となり、効果的・効率的な作戦行動が可能となったのです。この支援活動は2007年11月、時限立法である「テロ対策特措法」が延長されず失効したため、一時中断しましたが、翌年1月、新たな「補給支援特措法」が成立し、補給支援活動は再開します。同活動は、2010年2月をもって終了しますが、日本の補給支援部隊の2001年11月の初派遣以来の活動実績は、アメリカ、カナダ、イギリス、フランス、ドイツなど11か国の艦船に艦船用燃料補給を794回・約49万キロリットル、航空機用燃料補給を67回・約990キロリットル、真水補

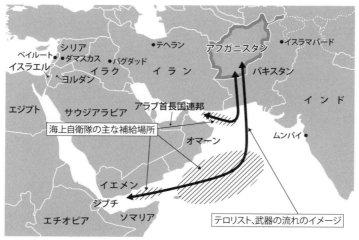

図1-11　インド洋における海上自衛隊の主な補給場所

図1-12 インド洋における補給支援活動

給を128回・6,930トンというものでした。

活動終了後、有志連合の各国からは日本に対し感謝のメッセージが寄せられました。インド洋における日本艦艇部隊の補給支援活動は、「テロとの戦い」に貢献するとともに、中東から日本に至る海上交通路・原油を運ぶオイルルートの安全確保にも大いに寄与したのです。

注1）海上阻止行動：テロリストへの武器、弾薬および資金源となる麻薬などの海上輸送を阻止する活動。

③ソマリア沖海賊対処活動

海賊行為は、海上の安全と秩序を脅かす重大な脅威です。2007（平成19）年頃からソマリア沖やアデン湾において、船舶が機関銃やロケットランチャーなどで武装した海賊に襲撃されるという事件が頻発します。これを受け、国連はソマリア沖・アデン湾の海賊対応が喫緊の課題であるとして、加盟国に対し、同海域の海賊行為抑止のため軍艦、軍用機の派遣を求めます。これに

伴い、アメリカなど約30か国が軍艦を派遣します。

　ソマリア沖・アデン湾海域は、年間約1,600隻の日本船舶が通航する日本の生存を支える重要な海上交通路です。日本も2009年3月、当該海域に護衛艦を派遣、同年5月には固定翼哨戒機P-3Cを派出し、6月以降、アデン湾において警戒監視行動を開始します。

　この活動は、当初「海上警備行動」として実施されましたが、同年7月に「海賊対処法」が成立し、その後は同法に基づく活動となりました。海賊対処の活動は、アデン湾を航行する船団を護衛艦が護衛するとともに、護衛艦搭載のヘリコプターが周辺海域の警戒を行う、また、付近航行の船舶から救援等要請があれば現場に急行する、というものでした。

　しかし、2013年7月、海賊対処を行う諸外国と協調してより効果的に活動するため「第151連合任務部隊（CTF151）[注2]」に参加し、船団の直接護衛に加えて「ゾーンディフェンス」と言われる、CTF151との調整に基づいて割り当てられた海域の警戒監視を行うようになりました。

　護衛艦の活動は以上のとおりですが、固定翼哨戒機P-3Cは、哨戒機の運用をより効率的に行うため、2011年6月から航空隊の活動拠点をジブチ国際空港付近に整備して活動しています。

　2016年5月現在、3,697隻の船舶が自衛隊の護衛を受け、1隻の被害もなく安全にアデン湾を通過しています。また、必要に応じて司法警察活動ができるよう、護衛艦には8名の海上保安官が同乗しています。さらに、ジブチには陸上自衛官が派遣され、哨戒機活動拠点における警備を担当しており、航空自衛隊も本活

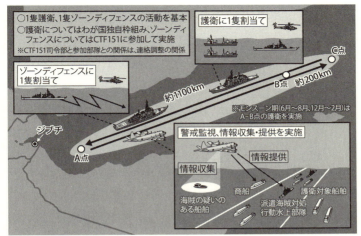

図1-13 アデン湾における船舶護衛状況（統合幕僚幹部HPから改変して掲載）

動を支援するため空輸任務を行っています。海上交通路の安全確保のため、全自衛隊および海上保安庁がともに任務を遂行しているのです。

2016年2月からは航空隊もCTF151に参加しており、各国との連携がさらに緊密なものとなっています。特筆すべきことは、2015年5月から同年8月の間、CTF151司令官として海上自衛官（海将補）が派遣されたということです。海上自衛官が訓練ではなく諸外国で構成される国際的な実任務部隊の指揮官となるのは初めてのことで、2017年3月～6月の間には2回目となるCTF151司令官の派遣がされています。

「ペルシャ湾への掃海部隊派遣」「インド洋における補給支援活動」「ソマリア沖海賊対処活動」と、これらの海上自衛隊の海外派遣任務を経て、2007年に自衛隊による国際平和協力業務は従

図1-14　護衛任務に従事中の護衛艦

図1-15　海賊対処活動中の護衛艦とP-3C

来の「付随的業務」から、日本の防衛や公共の秩序の維持と並ぶ「本来任務」に位置付けられました。

　自衛隊はまさに"整備と訓練"の時代から"運用"の時代に入ったと言えます。

注2）CTF（Combined Task Force）151：2009（平成21）年に設置された海賊対処のための連合任務部隊でアメリカ、オーストラリア、イギリス、トルコ、韓国、パキスタンが参加。参加国は同部隊司令部と配置日程などを連絡調整のうえ、任務にあたる。

第2章　艦艇の紹介

1　様々な艦艇

さて、海上自衛隊艦艇の仕事・任務について紹介します。

海上自衛隊の艦艇は表2-1、2-2のとおり、「警備艦」と「補助艦」の二つに大別されます。

「警備艦」には護衛艦、潜水艦、掃海母艦、掃海艦、掃海艇などの機雷艦艇、ミサイル艇に代表される哨戒艦艇や輸送艦艇があり、海上作戦において機動的に運用される艦艇です。

一方、「補助艦」は隊員のスキル養成等に従事する練習艦や練習潜水艦、訓練支援、海洋音響データの観測、南極観測支援など、前線で活動する「警備艦」の任務遂行を支える艦となります。

海上自衛隊の艦艇は、基準排水量20,000トンに迫る最新鋭ヘリコプター搭載護衛艦DDHから訓練支援等に当たる小型艦艇まで17種の艦種に分類されます。

本書では、「艦艇」という言葉を多く使っています。「艦艇」とは本来、護衛艦等、海上を行動する「水上艦艇」と「潜水艦」の総称ですが、本書では「潜水艦」の任務等に触れることはありません。なので、「艦

表2-1　海上自衛隊の艦艇（警備艦）
（平成29年4月1日現在）

艦　　　種	隻　　数	計
護　　衛　　艦	46	
潜　　水　　艦	17	
機　雷　艦　艇	25	105
哨　戒　艦　艇	6	
輸　送　艦　艇	11	

機雷艦艇：掃海母艦、掃海艦、掃海艇
哨戒艦艇：ミサイル艇
輸送艦艇：輸送艦、輸送艇

艇」との表記はすべて「水上艦艇」のことです。

護衛艦は外洋における作戦の中心となる、海上自衛隊艦艇の中では花形の存在ですが、護衛艦のみで海上作戦は遂行できません。

燃料、食糧などを海上で護衛艦などに補給する補給艦、日本の港湾等に敷設された敵の機雷を除去し、艦艇のみならず、商船など一

表2-2　海上自衛隊の艦艇（補助艦艇）
（平成29年4月1日現在）

艦　　　種	隻　数	計
練　習　艦	4	
練 習 潜 水 艦	2	
訓 練 支 援 艦	2	
多 用 途 支 援 艦	5	
海 洋 観 測 艦	3	
音 響 測 定 艦	2	29
砕　氷　艦	1	
敷　設　艦	1	
潜水艦救難(母)艦	2	
試　験　艦	1	
補　給　艦	5	
特　務　艦	1	

般船舶の海上交通路の安全確保にも当たる掃海母艦、掃海艦、掃海艇等の機雷艦艇、日頃の訓練を支える訓練支援艦など、これらの有機的な結合が、海上作戦の遂行には必要不可欠なのです。

表2-3、2-4に海上自衛隊現有主要艦艇を、図2-1①〜⑧にその代表的な艦艇の写真をまとめました。

第2章　艦艇の紹介　*21*

表 2-3　海上自衛隊の主要艦艇Ⅰ

艦　種		型	全　長 (メートル)	基準排水 量(トン)	最大馬力 (PS)	速　力 (ノット)	同　型　艦
護 衛 艦	DDH	いずも	248	19,500	112,000		かが
		ひゅうが	197	13,950	100,000		いせ
	DDG （イー ジス艦）	こんごう	161	7,250	100,000		きりしま、みょうこう、ちょう かい
		あたご	165	7,750	100,000		あしがら
	DDG	はたかぜ	150	4,600	72,000		しまかぜ
	DD	あきづき	151	5,050	64,000	30	てるづき、すずつき、ふゆづき
		たかなみ	151	4,650	60,000		おおなみ、まきなみ、さざなみ、 すずなみ
		むらさめ	151	4,550	60,000		はるさめ、ゆうだち、きりさめ、 いなづま、さみだれ、いかづち、 あけぼの、ありあけ
		あさぎり	137	3,500	54,000		やまぎり、ゆうぎり、あまぎり、 はまぎり、せとぎり、さわぎり、 うみぎり
		はつゆき	130	2,950	45,000		みねゆき、さわゆき、はまゆき、 まつゆき、あさゆき
	DE	あぶくま	109	2,000	27,000	27	じんつう、おおよど、せんだい、 ちくま、とね

表 2-4　海上自衛隊の主要艦艇Ⅱ

艦　　種		型	全　長 (メートル)	基準排水 量(トン)	最大馬力 (PS)	速　力 (ノット)	同　型　艦
掃海母艦	MST	うらが	141	5,650	19,500	22	ぶんご
掃海艦	MSO	やえやま	67	1,000	2,400	14	つしま、はちじょう
		あわじ	67	690	2,200		――
輸送艦	LST	おおすみ	178	8,900	26,200	22	しもきた、くにさき
補給艦	AOE	とわだ	167	8,100	26,000		ときわ、はまな
		ましゅう	221	13,500	40,000	24	おうみ
輸送用 エアクッ ション艇	LCAC	――	24	85	15,500	40	6隻保有

①護衛艦「いずも」　　　　　　②護衛艦「こんごう」

③護衛艦「あきづき」　　　　　④護衛艦「たかなみ」

⑤掃海母艦「うらが」　　　　　⑥輸送艦「おおすみ」

⑦補給艦「ましゅう」　　　　　⑧エアクッション艇（LCAC）

図 2-1　代表的な艦艇（出典：海上自衛隊 HP）

2 艦内の組織・編成

(1) 艦内編成

次に、艦内の組織・編成について紹介します。海上自衛隊の艦艇は多種にわたっており、各艦種によって艦内の編成が異なります。すべての艦種について艦内編成を述べるには紙幅を要しますので、ここでは護衛艦の標準的な艦内編成を取り上げます。

図2-2が護衛艦の艦内編成です。トップが艦長、NO.2は副長で、艦内は砲雷科、船務科、航海科、機関科、補給科・衛生科および飛行科の6セクションをもって編成されており、これを「科編成」と言います。「科編成」については、次の(2)項で、「分隊編成」については、(5)項にて述べます。

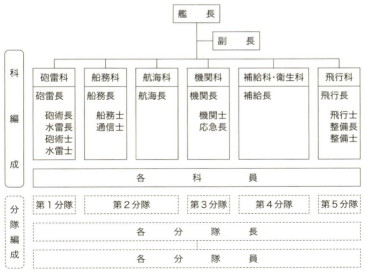

図 2-2 護衛艦の標準的な艦内編成

(2) 科編成・各科の所掌

「科編成」は「戦闘編成」とも呼ばれ、戦闘においては各科がそれぞれの受持分担を遂行するとともに、各科が結合し艦長の指揮の下、艦が一つのチームとなって戦闘力を発揮することになります。

以下、各科の所掌を述べます。

①砲雷科

砲、ミサイル、魚雷などの攻撃・防御兵器を所掌します。また、潜水艦を音波で捜索・探知する捜索兵器・ソーナーも受け持っています。これらを統合する戦闘指揮システムについても所掌します。

②船務科

レーダー、電波探知装置などの捜索兵器、艦外との通信装置、情報処理装置を担当します。搭載中のヘリコプターによる作戦時は、ヘリコプターのコントロールにも従事します。「船務科」というより、「戦務科」と言ったほうが理解しやすいかもしれません。

③航海科

航海科は読んで字のごとく、艦が航行するにあたっての基本中の基本を担当します。安全な航海の基盤となる海図の補正など海図の管理、艦にとって極めて大事な操舵装置・舵、さらには、デジタルの時代にあって、極めてアナログ的ですが、発光信号（ライトを点滅させての視覚信号・光によるモールス信号）および旗りゅう信号（マストに数種の旗を掲げての視覚信号）など他艦、船舶との視覚通信を担当します。

第2章　艦艇の紹介　　*25*

④機関科

　艦の航行に必須の動力装置・エンジン、武器等の作動に必要な電力を供給する発電機を所掌します。艦艇にとって大事なことは、武器もそうですが、艦が戦闘時被害を被ってもなんとか航行できることです。多少、速力が落ちても、エンジンが動いて舵が使えれば、沈没はまぬがれ、次回の戦闘に参加できます。その意味において、機関科の所掌業務は極めて重要なのです。

　機関科の所掌でもう一つ大事なことは、「応急＝ダメージコントロール」を担当することです。火災、浸水、戦闘における被害を極限抑えて、艦を生存させていく、という仕事を受け持ちます。

⑤補給科・衛生科

　補給科は物品の補給、給食その他を所掌します。艦の長期間行動にあっての楽しみは何と言っても食事にあります。訓練に次ぐ訓練、ストレスのかかる海賊対処等の任務遂行に当たって、給食の乗員の士気に占める割合は大きいのです。食事一つをとっても補給科の役割は大きいものがあります。

　また、艦艇には医者・医官が常時乗艦しているわけではありません。いわゆる衛生兵が補給長の指示を受け、乗員の健康管理、軽度のけがの治療に当たっています。

⑥飛行科

　艦に搭載中のヘリコプターの飛行計画、整備などを所掌します。ヘリコプターの発艦、着艦に当たっては、これをコントロールします。ヘリコプターは多くの作戦、任務に投入されますので、いわゆる飛び道具としての役割は大きなものがあります。

　以上をまとめて擬人化した図が、図2-3です。

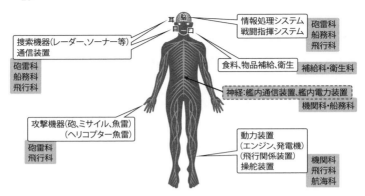

図 2-3　科編成の擬人化模式図

(3) 士　　官

　各科の構成は、トップが「科長」と呼ばれる幹部自衛官・士官の「砲雷長」「船務長」「航海長」「機関長」「補給長」および「飛行長」で、艦長を直接補佐します。言わば、スペシャリストとして艦長を補佐することになります。

　このような艦長を補佐する縦のラインとともに、各科長は互いに連携し、緊密な横のラインも構成し、艦の戦闘力を発揮し任務遂行に一丸となって邁進します。「副長」は、これら各科長を束ね、艦長の右腕として職務を遂行します。「艦長」を英語表記すると「Commanding Officer」ですが、「副長」は「Sub」でも「Vice」でもなく「Executive Officer」で、「艦長」の意図を具体的に遂行する士官[注3]ということになります。ちなみに、「艦長」の略称は「CO」で、「副長」の略称は「XO」です。

　各科長の配下には、「砲術士」「水雷士」「船務士」「機関士」「飛行士」など、「○○士」と呼ばれる初級士官が配置され、科長の

第2章　艦艇の紹介　*27*

アシスタントとしての機能を受け持ちます。「砲術長」「水雷長」「応急長」「整備長」など、「○○長」と呼ばれる士官がいますが、この士官たちは、「科長」ではなく科長と初級士官の中間に位置し、砲、魚雷、ダメージコントロール、ヘリコプターの整備などを直接所掌して科長の職務を補佐します。「士」の配置は、その字から「サムライ配置」と俗称されています。

　　注3) 本書では「士官」「下士官」「兵」の言葉が出てきます。「士官」は幹部（自衛官）、「下士官」は海曹（自衛官）、「兵」は海士（自衛官）ですが、特に艦艇においては旧日本海軍の名残が多くあります。幹部が会議、食事等で集う部屋は「士官室」、寝室は「士官寝室」と言うように、特に「士官」との呼称を多用します。本書は、この慣習にならい「士官」等の呼称を用いています。
　　　　ただし、「士官」に任官する前に教育を受ける学校は「海上自衛隊幹部候補生学校」、そして候補生が同校を卒業すると「士官」となりますが、卒業直後の練習艦隊乗り組み時は「実習幹部」とされていますので、この2点については、「幹部」との言葉を使用します。ややこしいことですが、筆者のこだわりとしてご理解下さい。

(4) 下士官・兵

　各科長以下士官の下には下士官・兵が配員され、階級、スキルの度合いによりそれぞれの職務を遂行します。下士官・兵は年齢を重ね、経験を積むことにより、高度なスキルを習得して「ベテラン」と呼ばれるようになります。各セクションの下士官の長たる隊員（パート長）のスキルは見事なものがあり、そのセクションの真のエキスパート・スペシャリストとして、部下からの憧れや尊敬と艦長、科長等の信頼を集める存在となっています。艦においては、艦長の存在が最も大きいことは言うまでもないことですが、下士官・兵の存在なしには、任務完遂はあり得ないのです。

(5) 分 隊 編 成

艦のもう一つの編成に「分隊編成」があります（図2-2）。1分隊から5分隊があり、業務内容と構成人数の関係から、通常は船務科と航海科が一緒になって2分隊を編成します。

「分隊編成」は、艦内における諸業務―人事、風紀の維持、隊員の身上把握、塗装、清掃等受け持ち区画の整備など―を円滑に遂行するもので、「内務編成」と呼ばれます。

「分隊長」は通常、各科長が兼務し、「分隊士」には「サムライ配置」の誰かが指定されます。下士官では「警衛海曹」と呼ばれる艦内の風紀維持を担当する鬼軍曹がおり、さらに、各分隊の下士官の先任者が「分隊先任海曹」として、配下分隊員の下士官・兵の指導に当たっています。

また、分隊を数個班に分け「班長」を「分隊先任海曹」の下に配員するなど、下士官・兵の生活指導、身上把握に意を用いているのです。

「警衛海曹」の最先任者は「先任伍長」と呼ばれ、艦内の風紀維持等の鬼軍曹であるとともに、艦長の重要なアシスタント・アドバイザーとしての役割を果たしています。

3　海上防衛に占める艦艇の役割と特色

第1章において、海上防衛力の特色について述べ、海上防衛力には防衛的役割、警察的役割そして外交的役割の3つの役割があると紹介しました（図1-10、11頁参照）。

ここでは、これら役割の中で、海上防衛における艦艇の具体的な役割と特色について述べます。

(1) 防衛的役割

　「防衛的役割」とは、他国による侵攻を抑止・阻止し、または、これを排除するもので防衛力の本来持っている本質的な役割です。

　海上自衛隊は防衛的役割の「国土・周辺海域の防衛」と「海上交通の安全確保」を主任務としており、この任務遂行に当たっての艦艇の役割は極めて大きいものがあります。

1) 国土・周辺海域の防衛

　「国土・周辺海域の防衛」の任務完遂で最も重要なことは、「即応態勢の維持」と言えます。艦艇は、常時、いかなる事態にも直ちに対応できるよう態勢を維持しています。そのためには、高いスキルを維持すること、特に初動を迅速に行うことに留意しています。その代表的なものが弾道ミサイル発射対処、不審船対処、災害派遣と言えるでしょう。

　艦艇は、即応態勢を維持し、その特色である機動性を発揮することにより、事態に速やかに対応するとともに、長期間海上で行動可能という持続性をもって、その役割を果たすことになるのです。

　「国土・周辺海域の防衛」に当たっては、「周辺海域の警戒監視」もまた重要な任務となります。平素から日本周辺海域を監視し、他国艦艇等の情報を収集、これを分析し作戦データとして保有しておくことが必要なのです。

　航空機は広範囲の警戒監視が可能であり、海上自衛隊は航空機による監視も行っていますが、艦艇は持続性をもった長期間の行動により、警戒監視の成果を挙げているのです。

2）海上交通の安全確保

2013 年 12 月、日本政府は「国家安全保障戦略」を策定し、「防衛計画の大綱」（25 大綱）を決定しました。

「国家安全保障戦略」においては、国際協調主義に基づく積極的平和主義の下、特に海洋安全保障について、日本からマラッカ海峡を経由し、ペルシャ湾に至る海上交通路・シーレーンの安定的利用の重要性が強調されました。

また、「25 大綱」においては、アジア太平洋地域の安定化およびグローバルな安全保障環境の改善が重要とされ、このため、日本から中東に至る海域で行動し、常続的な海外展開によるシーレーンの安定的利用を図るという海洋領域の安定と、より望ましい安全保障環境の構築を行う、との方針が示されています。

これら方針の下、海上自衛隊の艦艇は東シナ海沿岸諸国海軍との共同訓練・親善訓練をかなりの頻度で実施するようになっています。

海上交通の安全確保には、その行動の持続性、国際性を生かした艦艇の地道な活動が必要とされるのです。

（2）警察的役割

海上における警察活動は海上保安庁が実施しています。ここで述べることは海上自衛隊が行う「警察的な」活動です。図 1-10（11 頁参照）に海上自衛隊が担う警察的活動の役割を述べていますが、この中に「防衛的役割」において説明した「災害派遣」と「警戒監視活動」が入っています。これについては、「防衛的役割」と「警察的役割」の活動がほぼシームレスとなっており、

境界がないものと理解して下さい。

「海上における警備行動」も限りなく「防衛的役割」に近いものであると言えます。艦艇は、ここでも長期間にわたり海上で行動する持続性、事態の推移に応じて対応する柔軟性、機動性を発揮する好個の兵力なのです。

(3) 外交的役割

昔は「砲艦外交」という言葉がありました。軍艦を他国に派遣し、その威容を誇示し外交的な圧力をかけるという意味です。しかし、現代においては、艦艇が他国を訪問することは、国際親善・防衛交流が主たる目的になっています。

ただ、国際親善とは言え、その艦が信頼するに足る実力を備えているかどうかは他国からの関心の的であり、艦の威容が保持され、規律が厳格に維持され、高いスキルを持つ乗員が乗艦していることが極めて重要となります。

また、艦艇は訪問国海軍との共同訓練・親善訓練を機会あるごとに行っています。簡単な通信訓練に始まり、陣形変換などの艦隊運動、戦術訓練などを行い、親善とお互いのスキルレベルの確認を行っているのです。

海上自衛隊は先に述べたとおり、海上交通の安全確保、より望ましい安全保障環境構築のために艦艇を派遣しています。「防衛的役割」と「外交的役割」は密接に連携しており、艦艇の役割の重要性を認識するものとなっています。

海上自衛隊の果たす「外交的役割」のイベントとして挙げられるのが「遠洋練習航海」です。第3章および第4章において詳

しく述べます。

第3章　艦艇の業務・海上交通を守る

　海上自衛隊の艦艇は、いつも何をやってるんだろう？と思う方は多いのではないでしょうか。

　艦艇の主たる仕事場は海上なので、国民の皆様の目に触れることはなかなかありません。3年に1回行われる観艦式、各地で行われる体験航海、一般公開など艦艇の広報イベントには多くの方々が来艦されますが、乗艦できる人数に限りもあり、また、艦艇の実際の活動をすべて示すことはできず、活動のごく一部を紹介するにとどまらざるを得ません。

　艦艇の主たる活動の舞台が海上とはいえ、1年365日連続して海上で行動しているわけではありません。母港における艦のメンテナンス、体育等、また、造船所における艦装備品の点検・修理、船底の清掃等など、停泊しての作業も多くあります。もちろん、乗員の休養も必要です。

　このように、艦艇は海上だけでなく、停泊しての作業とバランスを取りながら活動しています。そして、これらの活動は「海上交通を守る」という海上自衛隊の最重要任務に直結しているのです。本章では、海上自衛隊の艦艇の活動について、できる限り分かりやすく紹介しますが、先に述べました海上自衛隊すべての艦種について説明するのは多くの紙幅を要し、また、説明が散漫となりますので、主として「護衛艦」の業務に絞って説明します。

　ここからは、艦艇の業務を「航海中」と「停泊中」に分け、さらに、「航海中」を「実任務」と「訓練」に分けて説明を進め、

1-(3)項では諸外国との「共同訓練・親善訓練」について述べます。

1 航海中の業務

(1) 実 任 務

「第1章 3 仕事・任務」の「海上自衛隊の仕事・任務とその変遷」において、海上自衛隊は 1954（昭和 29）年の創設から 1989（平成元）年冷戦終結までは"整備と訓練"の時代を過ごした、と述べました。

この時代における海上自衛隊の活動の場は、日本国内またはその周辺であり、「災害派遣」と「訓練」が主体でした（表 3-1）。

表 3-1　海上自衛隊の活動（創設～冷戦終結）

1953(昭和28).6	西日本水害（初の災害派遣）
同 （ 同 28).7	和歌山水害
1954（ 同 29).5	根室沖の漁船遭難
同 （ 同 29).9	洞爺丸台風
1958（ 同 33).9～10	伊豆方面（狩野川）水害
1959（ 同 34).9～11	伊勢湾台風
1960（ 同 35).5	三陸方面チリ地震津波
1964（ 同 39).6	新潟地震
1965（ 同 40).10	マリアナ沖漁船遭難
1966（ 同 41).2～5	羽田沖全日空機遭難
1968（ 同 43).5	十勝沖地震
1974（ 同 49).11	第10雄洋丸事件
同 （ 同 49).12～50.1	水島石油流出事故
1976（ 同 51).7	伊豆半島南部の集中豪雨
同 （ 同 51).9	小豆島の水害
同 （ 同 51).9	ミグ25事件に伴う海上警戒活動
1978（ 同 53).1	伊豆大島近海の地震
1982（ 同 57).7	長崎集中豪雨
1983（ 同 58).10	三宅島噴火
1986（ 同 61).11～12	伊豆大島三原山噴火

無印：災害派遣
　□　：その他

表3-2の1991年の「ペルシャ湾への掃海部隊派遣」以降から第2のターニングポイントの「9.11事案」までは、カンボジアPKO（Peacekeeping Operations、国連平和維持活動）に始まり、トルコ国際緊急援助活動、インド国際緊急援助活動と、国際平和協力業務に従事するなど、海外での活動にも従事しました。

また、1998年には北朝鮮の弾道ミサイル発射対応、能登半島沖の不審船に対する海上警備行動での対処など、東アジアの情勢に緊迫度が加わってきました。この頃から、海上自衛隊は少しずつ"運用"の時代に移行してきたのです。

表3-2　海上自衛隊の活動（冷戦終結〜9.11事案）

1991(平成3).4〜10	ペルシャ湾掃海部隊派遣 ✦
同 （同 3).6〜7.12	雲仙普賢岳噴火災害
1992(同 4).9〜5.10	カンボジアPKO ✦
1993(同 5).7〜8	北海道南西沖地震災害
1995(同 7).1〜4	阪神淡路大震災
1997(同 9).1〜2	ナホトカ号海難流出油災害
1998(同 10).8	北朝鮮弾道ミサイル発射対応 ●
1999(同 11).3	能登半島沖不審船事案（海上警備行動）●
同 （同 11).9〜11	トルコ国際緊急援助活動 ✦
2000(同 12).3〜7	有珠山噴火災害
同 （同 12).6〜13.10	三宅島火山活動
同 （同 12).7	沖縄サミット洋上警戒 ●
2001(同 13).1〜3	インド国際緊急援助活動 ✦
同 （同 13).8〜12	えひめ丸衝突事故

無印：災害派遣
✦ ：国際的活動
● ：海上警備行動、ミサイル対処等

「9.11事案」以降は、表3-3のとおり海外での任務が急増し、平素から防衛力が使用される情勢となり、外交手段として海上自衛隊、とりわけ艦艇がその重要な役割を担当するようになっています。

表 3-3　海上自衛隊の活動（9.11 事案以降）

2001(平成13).11〜	テロ対策特措法に基づく協力支援活動 ✦
2002(同 14).2〜4	東ティモール国際平和協力業務 ✦
2004(同 16).2〜	イラク人道復興支援特措法に基づく活動 ✦
同 (同 16).11	中国原潜領水内潜没航行対処（海上警備行動）●
同 (同 16).12〜17.3	インドネシア国際緊急援助活動 ✦
2005(同 17).8	ロシア潜水艦救助国際緊急援助活動 ✦
2006(同 18).7	北朝鮮弾道ミサイル発射対応 ●
2008(同 20).2〜22.1	補給支援特措法に基づく補給支援活動 ✦
同 (同 20).10〜12	パキスタン国際緊急援助活動（地震災害）✦
2009(同 21).3〜	海賊対処活動（平成 21.7〜海賊対処法に基づき活動）✦
同 (同 21).4	北朝鮮弾道ミサイル発射対応 ●
2010(同 22).8〜10	パキスタン国際緊急援助活動（洪水災害）✦
2011(同 23).3〜12	東日本大震災にかかる大規模地震災害派遣
2012(同 24).3〜4	北朝鮮弾道ミサイル発射対応 ✦
同 (同 24).12	北朝鮮弾道ミサイル発射対応 ✦
2013(同 25).11〜12	フィリピン国際緊急援助活動（台風被害）✦
2014(同 26).3〜4	マレーシア国際緊急援助活動（航空機事故）✦
同 (同 26).12〜27.1	インドネシア国際緊急援助活動（航空機事故）✦
2016(同 28).4〜28.5	平成 28 年熊本地震にかかる大災害派遣

無印：災害派遣
✦ ：国際的活動
● ：海上警備行動、ミサイル対処等

　表 3-2 から 3-3 に示すとおり、海上自衛隊が現在までに従事した主たる実任務は、「ペルシャ湾への掃海部隊派遣」「テロ対策特措法に基づく協力支援活動」「補給支援特措法に基づく補給支援活動」「ソマリア沖海賊対処活動」「各地での国際緊急援助活動、国際平和協力業務」などの国際的活動、不審船および中国原潜の領海内潜没航行事案に対する「海上警備行動」、「北朝鮮弾道ミサイル発射への対処」そして「災害派遣」です。

　「災害派遣」と言えば、東日本大震災が思い起こされますが、自衛隊は東電福島原発事故に当たっての「原子力災害派遣」にも従事しました。「原子力災害派遣」では陸上自衛隊のヘリコプターからの散水作業等が大きく報道されましたが、海上自衛隊の同派

遣活動への参加をご存知の方は少ないかもしれません。

海上自衛隊の活動は、東電福島第1原発の冷却水確保のため、給水バージ2隻（米軍提供）を支援艦、タグボートにて横須賀から小名浜経由東電福島第1原発の港内へ運搬、水を陸揚げする、というものでした。

上記の他には毎年実施する「遠洋練習航海」は初級士官の訓練が主目的とは言え、世界各国との親善に寄与するという「外交的役割」も果たしており、近年の世界情勢を考えれば、極めて平和的な実任務と私は思っています。

さらに、忘れてはならない実任務は第2章3-(1)-1）で述べました「周辺海域の警戒監視」です。この活動は、"整備と訓練"の時代からも地道に続けられてきています。

ここで、二つ筆者が携わった実任務について紹介をします。

紹介する業務の一つは「東チモール国際平和協力業務」、そしてもう一つは「遠洋練習航海」において体験したことです。

1）東チモール国際平和協力業務

9.11同時多発テロで騒然としている2001（平成13）年9月末、東チモール内戦が終息を見せたことから、国連の打診を受け、日本の同地におけるPKO実施の検討が開始されました。PKOの内容は、陸上自衛隊の施設部隊を東チモールに展開し、道路等インフラの整備を行うというものでした。

主役は陸上自衛隊で、海上自衛隊および航空自衛隊は、それぞれ陸上自衛隊の装備品等の一部を海上・航空輸送することとなります。陸上自衛隊の部隊は過去のPKOの規模をはるかに上回る人員約700名、車両約300両であり、海上自衛隊の任務は隊員

38

約50人と72両の車両を東チモールに海上輸送し、現地において陸揚げするものでした。

2002年3月12日、「おおすみ」型輸送艦2番艦の輸送艦「しもきた」が就役、輸送艦「おおすみ」および「しもきた」をもって第1輸送隊が新たに編成されました。同日付で私は第1輸送隊司令を拝命するとともに、東チモール派遣海上輸送部隊指揮官を命ぜられました。岡山県玉野市の三井造船（株）玉野事業所において輸送艦「しもきた」の就役を見届け、同日岡山空港を発ち、海上輸送出港地である北海道・室蘭港に到着しました。

「東チモール派遣海上輸送部隊」は、輸送艦「おおすみ」（LCAC[注4]2艇搭載）および護衛艦「みねゆき」（SH60J 1機搭載）をもって編成され、すでに室蘭港に集結を完了しておりました。

東チモールPKOの特色は、前述の最大規模の部隊派遣の他に次の3点があります。

a．PKOとしてはカンボジア以来の艦艇派遣、とりわけ護衛艦の初派遣であること。

b．海上自衛隊がLCACを初めて海外において運用すること。

c．女性隊員（陸上自衛隊）が初めてPKOに参加すること。

以上のように、当時としては何かと話題がありました。

注4) LCAC：Landing Craft, Air Cushioned の略称（図3-1）。1998年3月就
役の輸送艦「おおすみ」以降、2002年就役の輸送艦「しもきた」および2003
年就役の輸送艦「くにさき」にそれぞれ2隻搭載（図3-2）し運用されている、
いわゆるホバークラフト。全長24m、排水量85トン、15,500馬力、合計
50トンの物資等を搭載して約40ノットにて航行可能。

第３章　艦艇の業務・海上交通を守る　　39

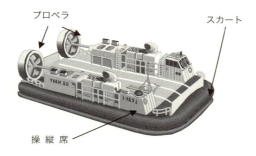

図 3-1　LCAC 概観図
スカートと呼ばれる底部にエアーを吹き込み、約 1.5m 浮揚して後方のプロペラ２基を回して航走する。操縦クルーは艇の右側の操縦席で操縦する。

図 3-2　輸送艦艦内に収容される LCAC
縦に並べて２隻を格納する。

　当時、私が示した海上輸送実施に当たっての指揮官としての方針および海上輸送作戦計画の概要は次のとおりでした。
a．陸上自衛隊の人員・車両を東チモールに揚陸するという任務を完遂するため、いわゆる「運び屋」に徹するが、海上輸送は本来作戦行動であるという本質を見失わないこと。
b．緊迫した情勢での行動ではないものの、おおすみ艦長には

LCACの運用を、みねゆき艦長には水上警戒、航空警戒を担当させる。

現地においてトラック等の揚陸はすべてLCACにより実施するため、「おおすみ」にはLCACの作業に専念させ、「みねゆき」にはLCACによる揚陸作業中の警戒任務を一手に引き受けさせることにより、「みねゆき」も任務遂行の重要な部分を占めていることを認識させること。

c．派遣海上輸送部隊は異なる艦種（輸送艦と護衛艦）で構成されていることなどを考慮

図3-3　出港前日の輸送艦「おおすみ」

し、室蘭出港から現地に至る約10日間の航海を概ね3つのピリオドに分ける。「おおすみ」におけるヘリコプター発着艦、ハイライン（図3-5、艦と艦が約30メートルの距離で並走し、人員または物品の交換を行う）、洋上給水（「おおすみ」から「みねゆき」への給水。ハイラインと同様、2艦が並走して実施）、機関銃射撃（テロを行おうとする不審船への警告射撃等）などの訓練を段階的に実施し、部隊全般の意思疎通を図る。

第 3 章 艦艇の業務・海上交通を守る　41

図 3-4　輸送艦「おおすみ」におけるヘリコプター夜間発着艦訓練

図 3-5　輸送艦「おおすみ」(写真下) と護衛艦「みねゆき」とのハイライン

図3-6 洋上補給：補給艦「さがみ」（右）と輸送艦「おおすみ」（左）

　派遣海上輸送部隊は室蘭港において陸自車両等を搭載、所要の陸自隊員が乗艦、2002年3月15日、防衛庁長官政務官、自衛艦隊司令官、北部方面総監、大湊地方総監ならびに陸自隊員、家族に見送られ同港を出港、途中フィリピン東方海上で補給艦「さがみ」から洋上補給を受け、3月26日チモール島南岸のスアイ沖に到着しました。

図3-7 派遣海上輸送部隊、室蘭出港
①岸壁には見送りの家族
②タグボートにより曳き出され、「みねゆき」離岸
③「みねゆき」、一路東チモールへ

第 3 章　艦艇の業務・海上交通を守る　　*43*

　現地において車両等を陸揚げする場所は、チモール島南側のスアイの他、北側の首都ディリとインドネシア領西チモールに東チモールから見れば飛び地として所在するオクシの合計 3 か所でした。陸揚げ作業に要する期間は約 2 週間であり、このため、スアイにおける作業を終了次第、いったん補給のためオーストラリアのダーウインに寄港する計画でした。

　3 月 26 日、スアイの海岸調査を終了、海岸は LCAC の作業に支障なしと判断し、27 日朝 LCAC による揚陸作業を開始しました。海上模様は極めて平穏、何の不安もなく LCAC が運用できる絶好のコンディションでした。

　さて、私は LCAC 作業の開始を部隊に令しました。おおすみ艦長は LCAC 発進を下令し、海外初の海自 LCAC オペレーションが発動となり、車両を搭載した LCAC 2 艇は順次発進、海岸に向かいました。

　先に海岸に上陸した LA01 [注5] は所要の陸揚げを完了しました。艦橋で LCAC 発進からの一連の動きを見ていた私は、海上模様も平穏だし、不安要素はほとんどないな、とタバコを吸っておりました。この分だと、あっという間に作業は終わり、時間を持て余すのではないかとも…。

　　注 5) LCAC にはそれぞれ 1 号艇、2 号艇の呼称があり、本書では、1 号艇を
　　　　LA01、2 号艇を LA02 と記述。

　ところが、LA02 に致命的なトラブルが発生しました。LA02 の右プロペラが固着し、左のプロペラだけで航行せざるを得なくなったのです。故障復旧のため LA02 を艦内に収容しなくてはなりません。幸い風浪もなくなんとか艦内に収容することができま

① LCAC の海外初上陸。

② 東チモール・スアイ海岸に上陸。トラック等物資を陸揚げ。

③ LCAC 前方のランプから、トラックの陸揚げ。

図 3-8　海上自衛隊 LCAC の海外初運用

した。

　とは言え、それからが大変で、LA02 の修復は乗員では不可能、予備品もないといった状態で、本国と調整の結果、業者が乗艦し修理に当たることとなりました。作業開始直後に任務が達成できるか否かの重大な局面を迎えたのです。LA01 までもが故障すると "Mission Impossible" になります。まだ、陸揚げすべき車両

第 3 章　艦艇の業務・海上交通を守る　　45

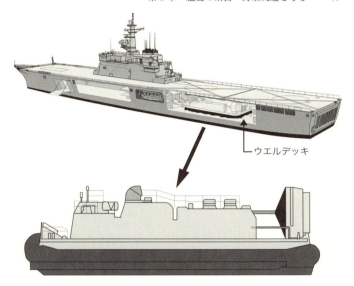

ウエルデッキ

図 3-9　輸送艦「おおすみ」LCAC 概要図

図 3-10　LA02 から LA01 へドライブスルー

図 3-11　東チモールにおいて揚陸作業中の「おおすみ」とLCAC

はほとんど艦内にあり、これを今後当分の間はLA01のみで陸揚げしなくてはならない状況です。(広島の方はおわかりでしょうが、この時出た言葉は「やれんの〜」「いたしいの〜」でした。)

LCACは「おおすみ」の艦尾のウエルデッキと呼ばれる区画に、艦首尾線に沿って2隻収容します。したがって、このような場合の解決策としては、LA02をウエルデッキの艦首側に収容し、車両はLA02を経由して艦尾側のLA01に搭載(図3-10、ドライブスルーと言います)、陸揚げするといった時間のかかることをしなければならず、暗澹たる思いでした。しかし、もともと計画に十分な余裕をとっていたこと、また、おおすみ乗員の高い士気と作業に対する創意工夫もあって、薄氷を踏む思いながらも当初の計画からの大幅な遅れはなく、作業を完了することができました。

計画に余裕を持たせることが部隊を動かすに当たって重要だと

痛感しました。

LA02 の修理に従事する業者の方々は補給のため寄港したダーウィンで乗艦しましたが、LA01 が揚陸作業に従事中は、艦内へ LA01 が頻繁に出入りしますので、昼間の修復作業はできません。

揚陸作業終了後の夜間、必死に復旧に当たり作業最終日ではありましたが、LA02 の修復が完了しました。日本が行う東チモール PKO という一大イベントの一つのステップを官民一体となって乗り切ったのです。

LA02 は最後の地オクシにおける作業のうち 3 回の陸揚げを実施できました。陸揚げ作業を終了し、「東チモールにおける作業、全て終了。人員・器材異常なし」と自衛艦隊司令官に報告した時は、とにかく任務は完遂したとの思いがあり感無量でした。

海外における海上自衛隊初の LCAC オペレーションは成功裏に終了しました。LA02 の致命的とも言えるトラブルはありましたが、派遣海上輸送の計画段階で、最悪の状態を想定して、万が一 LCAC が海岸等陸上で故障・行動不能となった場合には、LCAC を現地に放棄せざるを得ない旨を海上幕僚長まで報告していました。計画を策定する場合は、想定外を想定内とするような事態を考えておくことが必要で、それを計画に盛り込んでおけば致命的な事故は発生しないのかもしれません。

最後に、派遣海上輸送任務を完遂できた最大の要因は、参加隊員総員が自己の役割を認識し、任務完遂に向け邁進したからです。派遣海上輸送を振り返って、本当にいい仕事に出会い、素晴らしい部下に巡り会えた、と思っています。

LA02 が使用不能となった時、後日、腹心の部下が言いました。

図3-12　LCAC操縦席

図3-13　陸上自衛隊員の壮行会

図3-14　任務を共にした護衛艦「みねゆき」との別れ
九州南方海面「みねゆき」搭載ヘリコプターが、「おおすみ」乗員の「帽振れ」に応えローパス（低空飛行）を実施。

「司令もおおすみ艦長も騒ぐことなく、泰然としておられたので安心していました」と。そうではなくて、呆然としていた、というのが本当でしたが…。

　私が海上自衛隊在職中は、LCACは音がうるさいから呉湾を航行するな、とか、整備場にLCACを揚げる時はエンジンを止め

てタグボートで曳航していけ、と言われたものです。現在では2011（平成23）年3月11日の東日本大震災における自衛隊の活躍もあり、広島湾その他瀬戸内海も自由に航行しているとのことで、なによりのことと思っています。

2002年12月、部下が退官送別会を開いてくれました。その時いただいた「Godfather of the LCAC」の楯は我が家の家宝になっています。

さて、東チモールでの任務も無事に終了し、室蘭港を出港以来、寝食を共にしてきた陸上自衛隊隊員の現地・東チモールへの出発に当たり、任務完遂を祈念して壮行会を実施しました。おおすみ応援団のエールです。乗員が約200人もいれば、いろいろなことができるのです。

2）遠洋練習航海

海上自衛隊が実施する「遠洋練習航海」（以下、「遠航」と略称）の目的は、幹部候補生学校の一般幹部候補生課程を卒業した初級幹部[注6]に対し、外洋における航海を通じて、学校において学んだ静的な知識・技能を実地に動的に習得させるとともに、慣海性を涵養し、国際感覚の習得など幹部自衛官としての資質を育成することにあります。そして、訪問諸国との友好親善、という重要な外交的な役割も担うことは前述のとおりで、ここでは「遠航」を実任務として述べることとします。

注6）防衛大学校および一般大学の卒業生が例年4月、広島県江田島市にある海上自衛隊幹部候補生学校に一般幹部候補生として入校、翌年3月までの1年間の教育の後、初級幹部に任官します（3等海尉および大学院卒業者は2等海尉）。卒業する初級幹部の数は、年によって若干の増減はありますが、おおむね180〜190名程度、うち女性が10〜15名、防衛大学校卒のタイなどからの留学生数名です。これら初級幹部は「遠航」期間中、「実習幹部」と呼ばれます。実習生であり、艦乗り組み固有の仕事を持つわけではありません。

50

　海上自衛隊として初めての「遠航」は 1957（昭和 32）年です。
以後、2017（平成 29）年の第 61 回航海に至るまで毎年「遠航」
は行われており、コースは当初のハワイ方面、北米方面から、東
南アジア・オセアニア、欧州、北米・南米、また、1970 年には
海上自衛隊初の世界一周、2001 年には中近東方面と、行動範囲
が拡大され世界各国をくまなく訪問しています。

　「遠航」の期間は、訪問国の組み合わせによって航海距離が変
わってきますので、年によって異なりますが、航海距離 55,000
〜60,000 キロメートル、航海期間はおおむね 150〜160 日間、
5 月中旬から 10 月下旬となっています。

　私事になりますが、私の「遠航」経験は 3 回で、1 回目は幹部
候補生学校卒業ホヤホヤの「実習幹部」で、1970（昭和 45）年
世界一周のコース[注7]でした。

　　注7）日本〜（太平洋）〜ミッドウエー島〜（太平洋）〜アメリカ西海岸・サン
　　　　ディエゴ〜パナマ運河〜アメリカ東海岸・ノーフォーク〜（大西洋）〜欧州・
　　　　ドイツ・オランダ・イギリス・ベルギー・フランス〜アフリカ・セネガル・ケ
　　　　ニア〜（インド洋）〜セイロン（現スリランカ）〜日本

　2 回目は 1988（昭和 63）年で、東南アジア・オセアニア方面
（フィリピン、タイ、インドネシア、オーストラリア、ニュージー
ランド、タヒチ、ハワイ）で、護衛艦しまゆき艦長としての参加
でした。

　3 回目は 1996（平成 8）年で、2 回目とほぼ同一コースでし
たが、戦後初めての韓国（釜山港）訪問がありました。この航海
には艦隊旗艦である練習艦かしま艦長として参加しました。

　艦長として 2 回も「遠航」に参加しますと、アクシデントを

含め、いろいろなことがあります。

その一部を2件、紹介します。

①パルミラに向かう、第3戦速！

1988年の「遠航」が大詰めとなった10月20日、練習艦隊（旗艦「かとり」および護衛艦「せとゆき」、護衛艦「しまゆき」）はタヒチ・パペーテを出港、最後の寄港地ハワイ・パールハーバーに向け航行を開始したところでした。

出港翌日の21日、司令部への出頭を命ぜられヘリコプターにて旗艦「かとり」に向かいました。

司令官からの命令は以下のとおりでした。

「現在地から約1,000マイル北方のパルミラ環礁において少女が負傷し、アメリカから練習艦隊に救助要請があった。『せとゆき』は搭載ヘリコプターの定期点検を実施中であり、『しまゆき』を派出することとした。『しまゆき』は準備でき次第、主隊から分離、パルミラ環礁に向かい救助作業に当たれ。」

旗艦「かとり」から帰艦後、主隊から分離、一路パルミラ環礁に向かいました。パルミラ環礁への速やかな進出と燃料消費を勘案し、第3戦速赤10（約23ノット・時速約40キロメートル）^{注8)}にての航行が最適と判断して航進しました。

注8) 第3戦速とは艦艇の使用速力区分の一つで速力約24ノット、第3戦速赤10とは第3戦速に見合う推進軸・スクリュー回転数から10回転減じた回転数を使用すること。速力が約1ノット減となる。黒○○とはその逆で推進軸回転数を増すこと。その分速力が高くなる。

まるまる一昼夜高速を使用しましたが、海上は極めて平穏、23日現場着、パルミラ環礁の南方20マイルの地点でヘリコプターを発艦、救助作業に向かわせました。約1時間後、救助は

完了、負傷した少女を艦内に収容しました。現地には太平洋戦争中に使用された米軍の飛行場があり、そこにヘリコプターは着陸しましたが、多数の鳥がいて、後でパイロットに聞いた話では何羽か翼で叩き落したとのこと。「よくもまあ無事で、運が良かったな」、というのが正直な感想でした。

本作業における乗員の士気は極めて高いものがありました。少女をヘリコプター甲板から医務室に収容するのがまた一苦労でしたが、見事な作業ぶりでした。

艦長として、「この連中は一流だ。艦長になってよかった」と実感しました。

また、少女を医務室に収容した時点で司令官に対し「救助作業終了、人員器材異状なし」を報告したところ、司令官から「ここまでは百点満点」とのメッセージをいただきました。

この後、少女をヘリコプターにてクリスマス島付近から同島に輸送、米沿岸警備隊に引き渡す任務が残っているので「最後まで気を緩めるな」との指導であったと考えています。少女を米沿岸警備隊に引き渡し、ヘリコプターを収容した時点で「作業すべて完了」を報告して心地よい疲労感に浸ることができました。

その後「しまゆき」はハワイ沖にて主隊に復帰、パールハーバーに入港しました。入港時の燃料残量は25パーセントを切っていて、ギリギリの作業でした。入港後、司令官からねぎらいの言葉をいただきました。乗員の苦労が報われて、綱渡りではあったが一丸となって任務を完遂できたことに、感無量でした。

パールハーバー入港後、クリスマス島からホノルルの病院に移送された少女を見舞う機会がありましたが、元気な様子で、疲れ

第3章　艦艇の業務・海上交通を守る　*53*

は一気に吹っ飛んだことを覚えています。

　帰国後「しまゆき」にはアーミテージ国務次官補からの礼状が届きました。さらに司令官からは賞状を授与されました。乗員の士気がさらに向上したのは言うまでもありません。

　② Fourteen Knots KASHIMA

　近年の海上自衛隊艦艇は、推進軸は前進であっても後進であっても回転方向は変わらず、スクリューの羽根の角度（翼角）によって、前進、後進の切り替え、速力の増減をコントロールするようになっています。したがって、速力の増減等が極めて短時間に実施できるのです。パールハーバー入港の約1週間前のことです。右スクリューの翼角制御が不能となりました。

　自艦での修理不能、パールハーバー入港後日本からの技術者により修理、ということになりました。右の軸を固定せざるを得ません。

　出しうる速力はスクリューを右軸固定にて14ノットですが、パールハーバーまでの進出速力は12ノットです。余裕がありません。ひたすら海上平穏を祈る1週間でした。

　さらに、間もなく米海軍補給艦との洋上での補給を控えています。14ノット、左軸のみの運転で洋上補給を実施しなくてはなりません。艦を挙げて洋上補給の立て付け（リハーサルのこと）を実施し、本番に臨みました。

　補給時の速力は12ノット、いったん補給艦の後方約500メートルについて、そこから補給艦に並ぶために近接するのですが、通常は18ノットで近接するところを何せ14ノットです。近接だけでも気の遠くなるような時間です。補給艦の左横に並び、針

路を保持するのですが、右軸が使えませんので、当然「かしま」は右へ、右へと進むことになります。これを防ぐため左への舵・取舵を常時 10 度程度、取っておかなくてはなりません（当て舵と言います）。幸い、平穏な海上模様で作業は順調に経過しましたが、艦長としては気が気ではありません。この時ほど、作業が早く終わって欲しい、と思ったことはありませんでした。

　その後はパールハーバー入港時の右軸固定と入港要領の立て付けを実施し、なんとか無事に入港することができました。米海軍では「Fourteen Knots KASHIMA」として有名（？）になりました。

　この出来事は「洋上では、今安全でもこの後何があるかわからない」「いつ何が起きてもおかしくない」ということを教えてくれました。

　以上、「実任務」に関することを体験談を中心として、述べてきました。体験から得た教訓、特に航海の安全・海上交通に関わる事項については第 4 章「艦長」の項で、追加して述べることとし、艦艇の業務「実任務」の紹介を終え、「訓練」の紹介に移行したいと思います。

(2) 訓　　　練

　「実任務」を完遂するには、乗員個々のスキルはもとより、艦内各セクションのチーム力、各セクションが結合して艦全体が発揮する能力、艦艇が集合して集団作戦行動等を行う際の部隊としての力が必要です。

第3章 艦艇の業務・海上交通を守る　*55*

　これら能力を維持・向上させるには、「訓練」は必要不可欠なものです。

　先に、自衛隊は"整備と訓練"の時代から"運用"の時代に入った、と述べました。間違えてならないのは"運用"は"整備と訓練"が適切になされてこそ、成り立つものだということです。

　艦艇が行う訓練は、個人訓練（乗員個々のスキルを維持・向上させるための訓練）、個艦訓練（単艦で行ない、艦が航海・任務遂行するに当たっての基本的な訓練）および部隊訓練（艦艇が集合した艦艇部隊としての作戦・戦術・戦闘に関する各種訓練）など多岐にわたります。

　なお、戦闘に関する各種訓練の中には実際に大砲・ミサイルを撃つ射撃訓練や、魚雷・ロケット魚雷を発射する発射訓練もあります。

　これから、多くの各種訓練の中から代表的な訓練について述べていきます。

1）個 人 訓 練

　艦においては、個々の乗員に対し、任務・仕事の役割が割り当てられます。多くの役割がありますが、例えば、潜水艦を探知するソーナーを受け持つ者、船舶、航空機を探知するレーダー員、エンジンの操作員などが、そうです。個々の乗員がそれぞれの役割を果たすことにより、そのセクションのチーム力が形成され、艦全体の強固なチームワークに発展し、艦の戦闘力・任務遂行能力が発揮されます。艦の能力を全能発揮する基盤は乗員個々のスキルにかかっているのです。

　海上自衛隊はこのスキルを「術科」と呼び、隊員に必要とされ

るスキルを付与するため、4つの「術科学校」を保有しています。

「第1術科学校」は広島県江田島市にあり、砲、魚雷、レーダーなどの教育を担当しており、機関関係の学校としては神奈川県横須賀市に「第2術科学校」があります。また、京都府舞鶴市には経理補給関係の「第4術科学校」、航空関係では千葉県柏市に「第3術科学校」があります。

隊員は、「術科学校」において基本的な術科を習得、艦艇での勤務の後、より高度な術科習得のため、さらに「術科学校」にて教育を受け階級が上がるにつれ、いわゆる「ベテラン」の域に達していきます。

個人訓練には多くの種類があり、すべてを紹介することはできませんのでここでは省略します。

2) 個 艦 訓 練

①安全航行のための基本的訓練

艦の安全航行に当たっては基本的なスキルが必要とされます。これは、戦闘以前のものです。艦はこの基本的なスキルがあって、安全に航海できるのです。代表的な訓練は以下の7つです。

　a. 出　港

　b. 入　港

　c. 霧の中など、視界制限状態での安全航行（霧中航行）

　d. 舵が故障した場合の処置（応急操舵）

　e. 艦から転落した乗員等の救助（溺者救助）

　f. 火災への対処（防火）

　g. 浸水への対処（防水）

艦においては、さまざまな状況に対応するため「部署」を定め

第3章　艦艇の業務・海上交通を守る　　57

ています。上記のそれぞれの事態・状況に対応する「マニュアル」
のようなものですが、例えば、「出港」「入港」における艦長の役
割、副長のなすべき事項、各科長とその部下の役割分担などは「出
入港部署」に規定され、ヘリコプターが着艦する際は「航空機着
艦部署」による、ということになります。艦長以下全乗員は各「部
署」に則って、それぞれ自分の持ち場につき、役割を果たすこと
になります。

　海上自衛隊では、上記7つに対応する「部署」は、艦が航海
するに当たっての基本であるということから、「基本7部署」と
称しています。

　「基本7部署」の訓練を簡単に紹介します。

　a．出港およびb．入港

　　　出港は、艦が動いていない状態、すなわち「静」から、海
　　上に出ていく「動」の状態に移行する場面で、港における補
　　給、休養あるいはメンテナンスの状態から作戦行動、任務遂
　　行に向かう重要なポイントです。

　　　入港は、作戦行動等を終了し、次回の行動に備えるための
　　港湾への進入で、「動」から「静」の状態に移る場面となり
　　ます。出港、入港いずれも艦としては重要なターニングポイ
　　ントとなりますので、艦長以下全乗員がそれぞれ定められた
　　配置につき、その役割を全うします。出港および入港は訓練
　　でもありますが、実動でもあるのです。

　　　艦長は当然、すべてを指揮します。とりわけ安全、確実か
　　つ迅速に艦を動かすことが求められます。通常の航海中は、
　　艦長の指揮監督の下、当直士官と呼ばれる士官が、3交代〜

4交代で艦を動かします。しかしながら、出港、入港については、艦長がエンジン、舵を自らの号令で動かします。入港の際、艦が短時間でピタリと桟橋に着くと乗員の士気もあがります。艦長の責務は「強い艦」を作り上げることですが、このような時の艦長の一挙手一投足が乗員の気合に大きく関わってくるという、重要な意味を持っています。

c. 霧中航行

　艦にとって特に怖いのは霧です。ひどい時は艦橋（ブリッジ）から艦首・舳先が見えないような時もあります。根室港、舞鶴港、陸奥湾、東京湾、瀬戸内海などでは視界ゼロでの航行を経験しました。このような状況にあっても、安全に航行できる艦としてのスキルを持っていなければなりません。レーダーが頼りであることは当然ですが、艦長以下乗員全員の聴覚・視覚・嗅覚を総動員して航行しなくてはならないのです。霧の中を安全に航行するには高度なチームワークが要求されます。

　訓練は、霧がかかった状況を模擬して行います。実際には視界良好で、周りを航行している船舶は、霧がかかっていない状態で航行していますから、これらを適切に避けつつ航行しなければなりません。

　「海上衝突予防法」においては、「十分な視界の状態」と「視界が制限されている状態」では航海のルールが異なります。

　こちらは「視界が制限されている状態」を模擬し、周りの船舶は「十分な視界の状態」で航行していますので、胃が痛くなるような思いで訓練を行うのです。

艦長は、艦の行動すべてに責任を有する指揮官としての役割に加え、自らも訓練生、さらに想定を出す教官、安全を確保する訓練統制官としての役目も果たすことになります。

視界が悪くなる想定は、通常「視界 2,000 メートル」から始まり、「視界 1,000 メートル」、「視界 500 メートル」と順次見えないようにしていき、時には、艦橋の窓ガラスに覆いをつけて前方が見えないようにしての訓練を行うこともあります。霧中航行においては、特に艦橋において静粛が保たれていることが要求されます。戦闘にせよ、他の任務行動にせよ訓練にせよ、艦橋内が静粛で必要な号令や報告のみが凜と響き渡る、このような艦が一流なのです。

図 3-15　霧中航行：何か見えないか、聞こえないか、真剣な見張り

最近、と言っても 20 年も前ですが、艦艇にはレーダー探知目標の動きを自動的に解析し、自艦との針路の交差状況、衝突の危険性の程度などを見ることのできるシステムが装備され、霧中航行では重宝しています。非常に便利です。

ただし、以下、私見ですが、航海においては、アナログで物を考えることはまだまだ多いと思います。上記のようなシステムを自在に操る士官等を育てるとともに、一方では、システムダウン時の処置が的確にできることも必要です。なにより大事なことは、自分の目で、五感で、付近航行船舶等の

動静を的確に把握するという、船乗りの感覚を育成すること
です。

d．応急操舵

舵が故障した時の対処を「応急操舵」と言います。艦にとっ
て「エンジン」と「舵」は生き残るための最低限の装備です。

「エンジン」は推進力を回転軸経由でスクリューに伝え、
「舵」は艦の針路保持と針路変更（方向変換）を行います。「舵」
は、スクリューの後ろについています。護衛艦の場合、スク
リューは2基ありますので、「舵」は2枚あることになりま
す。

「エンジン」だけで航行することは不可能ではありません
が、艦の針路保持は非常に困難になります。針路が定まらな
い、「舵が効かない」ということは艦にとって大変なことな
のです。特に、東京湾のような海上交通量の多い海域で舵が
効かなくなりますと、周囲の船舶にも危険を及ぼし、海上交
通の混乱を招くことになります。

したがって、舵故障に適切に対処することは、艦にとって
極めて重要になります。護衛艦の舵取りについて、少し説明
します。

「舵」は、艦の後尾にある「舵機室」という区画にあるモー
ター「舵取機」により動きます。

「舵取機」は、艦の指令所である艦橋の操舵装置と結ばれ
ており、操舵装置にあるハンドル・舵輪を回すと、これが電
気信号により「舵取機」に伝達され、「舵取機」からの油圧
によって、「舵」が動く仕組みです。なお、艦橋にある「舵輪」

郵便はがき

料金受取人払郵便

新宿局承認

6175

差出有効期間
平成32年2月
29日まで

1608792

195

（受取人）

東京都新宿区南元町４の５１
（成山堂ビル）

㈱成山堂書店　行

|||ı·||ı··||ı·||ı·||ı||ı·||ı·|ı·|ı·|ı·|ı·|ı·|ı·|ı·|ı·|||ı||

お名前	年　齢　　　　歳
	ご職業

ご住所（お送先）（〒　　－　　　）
　　　　　　　　　　　　　　　　　　　　1．自　宅
　　　　　　　　　　　　　　　　　　　　2．勤務先・学校

お勤め先（学生の方は学校名）	所属部署（学生の方は専攻部門）

本書をどのようにしてお知りになりましたか
A. 書店で実物を見て　B. 広告を見て（掲載紙名　　　　　　　　　）
C. 小社からのＤＭ　　D. 小社ウェブサイト　E. その他（　　　　）

お買い上げ書店名
　　　　　　　　　　　　市　　　　　町　　　　　書店

本書のご利用目的は何ですか
A. 教科書・業務参考書として　B. 趣味　C. その他（　　　　　）

よく読む 新　聞	よく読む 雑　誌

E-mail（メールマガジン配信希望の方）
　　　　　　　　　　　　　　@

図書目録　　　　　送付希望　・　　不要

―皆様の声をお聞かせください―

成山堂書店の出版物をご購読いただき、ありがとうございました。今後もお役にたてる出版物を発行するために、読者の皆様のお声をぜひお聞かせください。

代表取締役社長
小川 典子

本書のタイトル（お手数ですがご記入下さい）

■ 本書のお気づきの点や、ご感想をお書きください。

■ 今後、成山堂書店に出版を望む本を、具体的に教えてください。

こんな本が欲しい！（理由・用途など）

■ 小社の広告・宣伝物・ウェブサイト等に、上記の内容を掲載させていただいてもよろしいでしょうか？（個人名・住所は掲載いたしません）
　　　　はい ・ いいえ

ご協力ありがとうございました。

（お知らせいただきました個人情報は、小社企画・宣伝資料としての利用以外には使用しません。25.4）

は自動車のハンドルのように小型で、ガラガラと回る大きな
ものではありません。

「応急操舵訓練」は、通常、艦橋の「操舵装置」故障から
スタートし（艦橋での操舵不可能）、「舵機室」の「舵取機」
によって直接舵を取る、さらには、これも故障して作業員が
ポンプをついて「舵」を動かすという、3段階に分けて行い
ます。舵故障の程度が次第に厳しくなっていく、というわけ
です。

艦は通常、3交代ないし4交代で航海しています。各チー
ム（「航海直」と言います。）には、艦長の命を受けた「当直
士官」が各航海直の指揮監督を行います。どのような場合に
おいてもそうですが、トラブル発生の場合は、初動の処置が
極めて重要です。各航海直を指揮監督する「当直士官」は、
受け持つ航海直のスキルを維持・向上させなくてはなりませ
ん。また、各航海直によってスキルの程度に差があっては良
くないので、スキルの低い航海直については、何回も反復演
練させます。

「舵故障」に適切に対処できるということは、航海安全を
確保するに当たって重要なスキルなのです。

また、海上における戦闘行動に際しては、「舵故障」に対処
しつつ戦闘行動を継続しなくてはなりません。「舵を確保す
る」ということは、艦にとってサバイバルの原点となります。

e．溺者救助

艦から海中に転落した乗員等・溺者の救助を「溺者救助」
と言います。溺者は思いがけず海中に転落しているので当

然、パニックもあります。また、水温の状況、さらには鮫の出現などを考えれば、とにかく早く救助しなくてはなりません。訓練の状況を説明しましょう。

艦の右舷側に転落したとします。転落を見た者は「教練[注9]、人が落ちた右舷（みぎ）」と、大声で報告するとともに救命用の浮環を投入します。

注9）海上自衛隊では、訓練においては「教練」という言葉を冒頭に付けます。「教練、舵故障」や「教練、人が落ちた」となるのです。実際の場合は「教練」を付けないのですが、「教練」との混同を避けるため、「舵故障、実際」などと念を押すこともあります。

救命用の浮環とは要するに「うきわ」で、艦の甲板には数個設置されています。

「教練、人が落ちた右舷（みぎ）」との報告を受けた当直士官は、ただちに溺者救助のため艦を動かします。

溺者救助の際の艦の動かし方には、いろいろなやり方があります。特に、最近の海上自衛隊の艦艇は大型化しているので、救助用のボートを海に降ろして、ボートで救助する方が短い時間で溺者を助けられる場合もあります。ここでは、ボートではなく、艦が動いて溺者を救助する、という一般的なやり方を紹介します。

当直士官は溺者発生と同時に溺者発生舷側に大きく舵を取ります（面舵一杯）。これは、艦尾を大きく左に振って、溺者がスクリューに巻き込ま

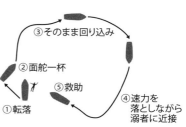

図3-16　艦による溺者の救助方法

れるのを防止するためです。舵を取ると同時に「教練、人が落ちた。右舷（みぎ）」を艦内に令し、溺者救助部署を発動します。部署発動を受け、各乗組員は定められた配置に付きます。そのまま、右に回り込み、速力を落としつつ溺者に向かい、最後は溺者の近傍で停止し、救助します。

　このやり方を「一側回頭法」というのですが、「溺者救助」は時間との勝負です。艦を扱う、「操艦」の良し悪しが人命を左右することになるので、日頃からの訓練が大事です。海上自衛隊では、艦の運航に当たる３等海佐～１等海尉クラスの当直士官を主対象として「操艦訓練」をよく行います。（２等海尉～３等海尉の初級士官にも訓練を実施させることはあります。）

　この「一側回頭法」の訓練は、溺者救助に備えることはもちろん、舵を取るタイミング、速力の増減、艦を停止する頃合いの体得など、「操艦」スキルを養うための基本的な訓練ともなっています。

f．防火および g．防水

　2007 年に横須賀港停泊中の護衛艦において火災が発生、死者こそでなかったものの、戦闘中枢区画が全焼する事故がありました。TV 報道で映像を見ましたが、その激しさに息を呑みました。

　また、2009 年には、関門海峡における護衛艦と韓国船との衝突で、護衛艦に爆発的な火災が発生しました。火災鎮火後の無残な姿には驚かされました。

　「防火」は火災に、「防水」は浸水に対処することです。と

りわけ艦において発生する事故で最も怖いのは「火災」です。

艦は多くの区画（部屋）に分かれていて、それぞれを水密の扉・ハッチで閉鎖できるようになっています。したがって、ある区画に「浸水」があった場合は、最終的には一つあるいはそれ以上の区画のハッチを閉鎖し、その区画をシャットアウトすれば他の区画は安全となります。

一方、「火災」の場合も火災発生区画を扉・ハッチで閉鎖しますが、厄介なことは、艦内の空気を清浄に保つための通風管が艦内にくまなく張り巡らされているため、この通風管を通って瞬時に火災が広がることがあるのです。したがって、火災発生の場合は扉・ハッチの閉鎖と共に通風管の閉鎖を急ぐ必要があるのです。

「浸水」の場合も「火災」を併発することがありますので、「浸水」において「火災の併発なし」の報告があれば、まずは一安心です。

「防火」「防水」の訓練は2時間〜3時間かけて行います。艦長は艦橋において指揮を執り、各科長等はそれぞれ定められた配置において「火災」「浸水」に対処します。

「火災」「浸水」の現場には指揮官として「応急長」が、その配下には応急班員がいて、「防火」「防水」の現場作業を行います。訓練現場には実際の「火」や「水」はありませんが、発煙筒を使用して視界不良を演出するなど、実際に近い状況を作為して訓練を行います。

実際の場合は、艦の生存をかけて部下を火の中、水の中に飛び込ませるという、極めて厳しい状況下での作業になりま

第3章　艦艇の業務・海上交通を守る　　65

すので、訓練は真剣そのものです。指揮を執り、部下を統べ
ることの重要性を強く感じる訓練でもあります。

　②「NAVAL SHIP」としての訓練

　近年の自衛隊はＰＫＯなど国際的活動が多くなり、いわゆる軍
事行動以外の任務[注10]に対応するための能力の養成が必要となっ
ています。

　　注10）これらの任務を英語では、「MILITARY OPERATION OTHER THAN
　　　WAR：MOOTW」と呼ばれます。近年の各国の軍隊は本来の軍事行動に加え、
　　　MOOTW にも対応できるようにしています。

　現下の情勢から、MOOTW に的確に対応することは重要です。
しかしながら、それだけでは海上自衛隊の任務遂行は充分ではあ
りません。

　護衛艦等は、英語では「NAVAL SHIP」「WAR SHIP」または
「SURFACE COMBATANT」と呼ばれます。要するに「戦闘艦艇」
であって、艦が主として目指すものはまさに「戦闘スキル」「戦
闘能力」の維持・向上です。艦艇部隊の戦闘基盤は、個々の艦（個
艦）となりますから、個艦の力が強くなければ、作戦行動するタ
スクグループ・部隊の能力は低下し、任務や作戦が遂行できない
ということになります。

　作戦遂行には、個艦の力が重要である、と述べました。艦の「戦
闘スキル」を維持・向上するための具体的な訓練については、次
項「部隊訓練（各種戦訓練）」において説明します。

　3）部隊訓練（各種戦訓練）

　艦艇部隊は、有事にあっては、折々の情勢に応じて策定された、
作戦計画・作戦命令によって任務が付与されます。

例えば、３つの艦艇グループ・タスクグループが作戦に従事する、と仮定します。タスクグループＡは本邦はるか南方海域での重要船舶の護衛任務、タスクグループＢは東京湾入口における対潜水艦哨戒任務、また、タスクグループＣは大阪湾外域における哨戒任務など、というように、それぞれのタスクグループは付与された任務の遂行に当たる、ということになります。

上記作戦遂行中、わが艦艇部隊に脅威を及ぼすと考えられる敵兵力は、一般的に、「潜水艦」「航空機」および「水上艦艇」の３つと言えます。そして、この３つの敵兵力はいずれもミサイル攻撃を行う能力も保有しており、これに対抗し、国土防衛そして海上交通の安全確保を図らなければならないのです。

艦艇部隊は、潜水艦への対抗として「対潜水艦戦」、対航空機・ミサイルとしては「対空戦」、水上艦艇に対しては「対水上戦」など「各種戦」と呼ばれる代表的な作戦・戦術を遂行することになります。

これら３つの作戦、戦術はいずれも海上交通の安全確保を図る上でも重要なものであり、海上自衛隊は日頃から訓練に励んでいるのです。

これらの訓練は、個艦で行うことも可能ですが、より実戦に近い状況とするには、訓練を行う部隊の対抗部隊（仮想敵）として、潜水艦、航空機および水上艦艇が必要となります。この訓練は、「護衛隊」あるいは「護衛隊群」など、いわゆるタスクグループとして実施されることがほとんどで、個艦においては、この部隊訓練を通じて「戦闘スキル」を練成するのです。以下、この３つの訓練について、順次紹介していきます。

第3章　艦艇の業務・海上交通を守る　*67*

①対潜水艦戦（Anti-Submarine Warfare：ASW）訓練

　四方を海に囲まれた日本の生命線は海上交通路であることは明白です。

　第二次世界大戦において、日本の海上交通路は米海軍潜水艦により破壊され、日本は敗戦に至りました。この教訓からも、敵は当然、日本の生命線を叩く・分断することを企図するわけで、最も手っ取り早いのが、日本のタンカー等商船を隠密性に優れる潜水艦による攻撃で沈めてしまうことです。また、有事に来援する米海軍空母部隊に対しても、潜水艦の脅威は侮れません。

　以上のことから、海上自衛隊は創設以来「対潜水艦戦」を重視しているのです。「対潜水艦戦」訓練には、いろいろなものがありますが、代表的なものを2例紹介します。

　a．潜水艦掃討作戦訓練

　敵潜水艦が潜在する可能性が高い海域を掃討（敵潜水艦を探し出して、これを撃沈）する作戦です。

　作戦情報により、ある海域に敵潜水艦の潜在が予想され、これを艦艇と艦載ヘリコプターおよび固定翼哨戒機が連携して捜索、攻撃そして撃沈する訓練です。図3-17は訓練のイメージです。

　まず、潜水艦を捜索するやり方ですが、艦艇が音響探信儀・ソーナーを発信して、その反射エコーにより潜水艦を探し出す方法「Active Operation」があります。

　もう一つの捜索方法は、「Passive Operation」というやり方で、艦艇がソーナーを発信することなく、固定翼哨戒機がソノブイという水中聴音ブイを散布し、潜水艦の音を探知するものです。なお、目視、レーダーによる捜索もおろそかにはできません。潜水

図 3-17　潜水艦掃討作戦訓練のイメージ図

艦が潜望鏡を出す可能性もあるからです。

「Active Operation」または「Passive Operation」あるいは、この２つの複合をもって潜水艦を搜索、撃沈することになります。

一例として、「Passive Operation」のおおまかな一連の流れを紹介します。

　　i　固定翼哨戒機が散布したソノブイにより潜水艦を探知
　　ii　固定翼哨戒機が潜水艦のポジションを絞り込み
　　iii　艦艇およびヘリコプターが潜水艦位置に急行、固定翼哨戒機が潜水艦を魚雷攻撃
　　iv　ヘリコプターが潜水艦を探知、魚雷攻撃
　　v　艦艇が潜水艦を探知、魚雷攻撃

b．護衛作戦訓練

二つ目の訓練は、海上交通路において石油等重要資源の輸送に当たる重要船舶等の「護衛作戦訓練」です。資源などを輸送する船舶は日本の生死を左右する大事な船です。海上自衛隊は、これ

第3章　艦艇の業務・海上交通を守る　69

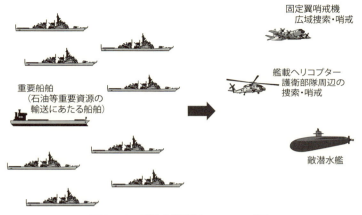

図3-18　護衛作戦訓練のイメージ図

ら船舶の安全航行を図らなければなりません。そのための作戦の一つとして、重要船舶等を護衛する作戦があり、この訓練を行います。

　艦艇部隊は通常、重要船舶の近くで護衛します。潜水艦からの攻撃は魚雷だけではなく、ミサイルによる可能性もありますので、「対空戦」にも備えなくてはなりません。艦載ヘリコプターは艦艇部隊周辺の捜索・哨戒任務に、固定翼哨戒機は広域の捜索・哨戒任務に就きます（図3-18）。

　護衛部隊としては、潜水艦が攻撃する前に、潜水艦を探し出して撃沈するか、潜水艦に攻撃を断念させるか、仮に潜水艦から攻撃を受けても潜水艦を撃沈しなくてはなりません。

　情報交換、捜索・哨戒要領、護衛要領など部隊として高度のスキルが要求される訓練で、海上自衛隊演習とか、護衛隊群レベルの訓練において行われます。

この訓練は長ければ10日間程度続くこともありますので、その間は常に警戒態勢を維持しておく必要があります。ソーナーオペレーター、レーダー員などは、全神経を集中させて勤務につきます。交代での当直勤務ですが、引き継いだ後はグッタリです。

作戦においては、部隊においても、個艦においても、高いスキルが必要とされます。どこかの艦が潜水艦を探知、攻撃、そして撃沈に至らしめ、潜水艦からの攻撃を未然に防止した、となると、その艦のソーナーオペレーターなどは、もう英雄です。

一方、仮に自分が艦長として指揮を執る艦の付近を潜水艦が通過、重要船舶等が潜水艦から攻撃されたとなれば、艦長はたまったものではありません。海上自衛隊では、訓練を通じての教訓等を洗い出し、戦術スキルの向上にいかすため、訓練終了後に「事後研究会」を行います。

「対潜水艦戦」訓練終了後は、艦艇部隊の行動図と潜水艦の行動図を付き合わせて、艦艇部隊が潜水艦を探知した距離とか、潜水艦がある艦の近くを通過した場合、その艦が潜水艦を探知できるチャンスはなかったのか、探知できる距離で潜水艦が通過したのに見逃したのではないか、見逃したとすればその原因は何か、などを徹底的に究明します。

この作業は「再構成作業」（Reconstruction、リコン作業）と言い、艦艇部隊全体を始め、個艦におけるソーナーオペレーター等の戦術スキルの向上を目指すための重要な作業となっています。艦の近くを潜水艦が通過、探知できる機会があったにもかかわらず、探知できなかった事象を「スリップ」と呼んでおり、「事後研究会」においては、「スリップ」した当該艦は非難ごうごう

の中、艦長以下ひたすら嵐が通過するのを待つ心境なのです。

　以上、「対潜水艦戦」訓練について紹介しました。潜水艦は隠密性に優れています。さらに、潜水艦は、艦艇部隊が潜水艦を探知するよりはるかに遠距離で、艦艇部隊の出す音を水中聴音機で聴いて、その動向を把握することができます。「対潜水艦戦」は、潜水艦の圧倒的優位状況下で行う作戦といえます。

　②対空戦（Air Warfare：AW）訓練

　「対空戦」訓練を紹介します。「対空戦」とは、読んで字のごとく、空から攻撃してくる敵航空機、ミサイルに艦艇部隊が対抗し、これを迎撃するものです。空からの脅威は、航空機と航空機から発射されるミサイルだけではありません。「対潜水艦戦」訓練の紹介でも述べましたが、敵潜水艦からのミサイルも空を飛んできますし、敵水上艦艇さらには陸上から発射されるミサイルもあります。脅威となるミサイルを分類しますと、次のようになります。

　航空機からの空対艦ミサイル：

　　　　AIR TO SURFACE MISSILE（ASM）

　潜水艦からの潜対艦ミサイル：

　　　　UNDERWATER TO SURFACE MISSILE（USM）

　艦艇からの艦対艦ミサイル：

　　　　SURFACE TO SURFACE MISSILE（SSM）

　陸上からの地対艦ミサイル：同上

　迎撃する艦艇部隊としての武器には、艦対空ミサイル：SURFACE TO AIR MISSILE（SAM）があり、これは部隊全体の防空を受け持つイージス艦等ミサイル護衛艦（DDG）装備の長射程SAM、その他の護衛艦装備の主として個艦防御としての短

射程 SAM などがあります。

　さらに、ミサイルを近距離で迎え撃つ大砲、機関砲があります。これらは、いわゆるハードキルです。飛来するミサイルそのものを電波等で攪乱するというソフトキルもありますが、ここではハードキルの説明にとどめます。

　「対空戦」は「艦隊防空」とも呼ばれます。近年、「弾道ミサイル防御」が喫緊の課題となっていますが、「弾道ミサイル防御」においては、ミサイルがはるか上空を飛来しますので、使用されるミサイルやシステムが「艦隊防空」のものとは大きく異なります。本書では、「艦隊防空」としての「対空戦」について説明します。

　艦艇部隊が哨戒行動中などにおいて、敵からの攻撃を受ける場合と、「対潜水艦戦」訓練において述べました「護衛作戦」中における被攻撃の場合、の2通りが代表的なものとして挙げられます。しかし、いずれの場合も艦艇部隊が実施する「対空戦」に大きな差異はありませんので、図3-17（68頁参照）の「護衛作戦」中の「対空戦」訓練にあって、敵航空機からのASMを迎撃する訓練の概要を紹介します。

　訓練は、航空自衛隊の戦闘機などのターゲットサービスを受け、これを高速で襲撃するミサイルに見立てて行います。戦闘機から実際にミサイルが発射されるわけではありませんが、より実戦に近い訓練になります。図3-19の訓練の流れは以下i～vのとおりです。

　　i　敵航空機2機が飛来、艦艇部隊が電波探知機により敵航空機からの電波を探知、その数分後、敵航空機をレーダーに

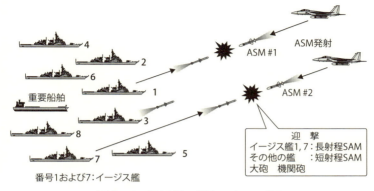

figure 3-19 「対空戦」訓練のイメージ図

より探知。

ii 艦艇部隊が電波探知機により、敵航空機からのASM発射準備完了を感知。

iii 敵航空機がASMを各1発、合計2発発射。艦艇部隊がASM2発をレーダーにより探知。

iv 艦艇部隊がASM迎撃、イージス艦1：長射程SAMによる迎撃、イージス艦7：イージス艦1のバックアップ、護衛艦3：短射程SAMにより迎撃。護衛艦5：護衛艦3のバックアップ、その他の艦：短射程SAM、大砲、機関砲による迎撃即応態勢

v イージス艦1が長射程SAMによりASM#1を撃破。護衛艦3が短射程SAMによりASM#2を撃破。

となるのですが、飛来してくる敵ミサイルは1発、2発とか少数とは限りません。同じ方向からのみの攻撃でなく、異なる方向からの多数発射、かつ、これがほぼ同時に発生する、ということも

考えられます。

さらに、艦艇部隊のレーダーに妨害電波を照射して、艦艇部隊がミサイルを探知できないようにするとかの、ソフトキルも併用してきます。飛来するミサイルにしても、ミサイルが電波を出して、艦艇からの反射波を探知してこれを自動追尾（ホーミング）するもの、艦艇が発する熱源にホーミングするものなどがあり、なかなか一筋縄では対抗できません。

ミサイルの飛翔パターンにも多くの種類があり、高高度から一気にダイブしてくるもの、海面すれすれで突っ込んでくるもの、海面すれすれを飛翔して艦艇部隊の間近で一気に上昇、その後急激にダイブするものなど、さまざまです。

相手の保有する武器は？、実戦においてどのような武器を使用するのか？、その武器の能力は？などは日頃からの情報収集が極めて重要で、この情報により当方が採用すべき戦術と対抗する武器が開発されていくのです。

③対水上戦（Surface Warfare：SUW）訓練

「対水上戦」は、水上艦艇 VS 水上艦艇の戦闘です。「海戦」と呼ばれるものは、第二次世界大戦において本格的な空母機動部隊同士の戦闘が始まるまでは、大砲対大砲の砲戦と水雷（水上艦艇攻撃用の長魚雷）による水雷戦でありました。

日露戦争における 1905（明治 38）年の日本海海戦は、日露両軍の艦艇部隊が互いに相手を見ながら、砲戦を行ったものであり、大東亜戦争における日米両海軍のガダルカナル島争奪を巡る海戦では、砲戦と水雷戦がありました。

空母機動部隊 VS 空母機動部隊の戦闘は、大東亜戦争において

日米両海軍が激突した1942（昭和17）年の「珊瑚海海戦」が史上初めてであり、その後の「ミッドウエー海戦」「南太平洋海戦」「マリアナ沖海戦」そして「レイテ沖海戦」の主要海戦もそうでありました。

現在の海上自衛隊護衛艦のほとんどは水上艦艇攻撃用のSSMを装備しています。しかし昭和50年代前半は、まだその装備はなく、水上艦艇VS水上艦艇の戦闘は、大砲対大砲によるものでした。昭和50年代前半においても、水上艦艇攻撃用の四連装長魚雷発射管を装備している艦艇は数隻ありましたが、「水雷戦」の訓練を実施した記憶はありません。

1982（昭和57）年、SSMハープーンを搭載した護衛艦「いしかり」と護衛艦「はつゆき」が登場し、以後就役する護衛艦のほとんどがSSMハープーンを搭載しています。大砲対大砲の戦闘と異なり、SSM対SSMの戦闘は、SSMの射程が数十マイルと長大なので、敵を見ながらというわけにはいきません。また、

図3-20　SSMハープーン搭載の護衛艦とミサイル艇
それぞれ前部煙突のすぐ後方と最後尾に円筒形のランチャーが見える

敵も当方を探し出して攻撃してきますから、自分の位置を相手に知られることなく、一刻も早く敵を探し出し、攻撃するという、困難な作戦を行うことになります。

以下、訓練の概要です。

通常、2つのグループに分けて対抗形式により行います。「護衛隊群」所属の8隻の艦艇を青・赤部隊各4隻の2グループに分けて行う訓練を図3-21に示しました。

8〜10時間かけて訓練を実施しますので、「対水上戦」訓練の時間帯は通常、夜間となります。昼間は、後ほど紹介する「射撃」などの訓練を行うからです。要するに、「対水上戦」訓練は徹夜のオペレーションなのです。

青・赤部隊は、事前に数十マイル離れ、訓練開始に備えます。あらかじめ指示された訓練開始時刻になれば、青・赤両部隊はそれぞれの作戦計画に基づき、相手を探しだすべく捜索・偵察を行います。

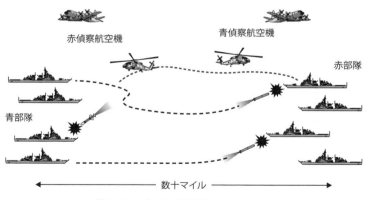

図 3-21　対水上戦訓練のイメージ図

第3章　艦艇の業務・海上交通を守る　　77

　それぞれの作戦計画により作戦を遂行しますので、青・赤両部隊が同時に捜索・偵察を行うわけではありません。キツネとタヌキの化かしあいのように、お互いに知恵を絞っていくのです。

　青・赤部隊の距離は数十マイルあり、当然目で見ることはできません。そこで、広域を高速で捜索・偵察できる固定翼哨戒機や艦載ヘリコプターにより、相手部隊を捜索・偵察します。捜索・偵察を行う哨戒機等が相手に見つかることも避けなければなりませんので、哨戒機等との無線連絡は安全上問題がない範囲において、極力実施しないとか、相手部隊からレーダーで探知されないよう、ヘリコプターは海面すれすれを飛行するなどの戦術を駆使します。

　夜間における訓練であり、相当気を使います。特に、ヘリコプターの海面すれすれの低空飛行は大変です。このようにして、確実な SSM 攻撃ができるよう、相手の位置、針路、速力、将来位置の予測などを把握するのです。水平線以遠の敵を探し出すことになりますので、このオペレーションを「Over The Horizon Targetting：OTH Targetting」と言います。

　訓練の流れについて、以下青部隊を主役として説明します。(図3-22)

　　i　偵察航空機は、赤部隊の潜在予想海域をレーダー、目視などで捜索（この際、レーダーを長時間使用すると、赤部隊に探知されるので短時間の使用にとどめる）

　　ii　偵察航空機は i における水上目標の情報を青部隊にデータ送信（i および ii が OTH Targetting）

　　iii　青部隊は ii のデータを蓄積・分析、赤部隊の位置と針路、

速力を絞り込む作業を実施
iv　青部隊がiiiおよび訓練計画で示された情勢から、分析した水上目標は赤部隊と判断、赤部隊の未来位置およびSSMの飛翔時間等を勘案し、SSM攻撃を実施、訓練連絡無線により赤部隊にSSM着弾点・着弾時刻等の攻撃通知を送信
v　赤部隊は青部隊の攻撃通知に赤部隊の位置等が合致したら、攻撃通知了解を送信、合致しなければ攻撃通知を無視（青部隊は再攻撃のための行動に移行）

　SSM実弾を撃ちあうわけではありませんので、訓練においては、偵察航空機がSSM着弾点付近に赤部隊が存在していることを目視等により確認できれば、その時点では、攻撃成功であろうと、みなすことができます。しかし最終的には「対潜水艦戦」訓練において述べたと同様、青・赤部隊の行動図等を付き合わせての「再構成作業」を行うことになります。SSM攻撃について説

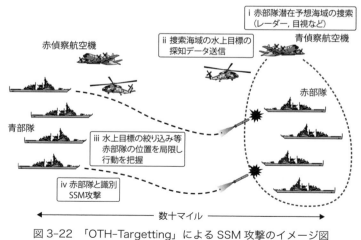

図3-22　「OTH-Targetting」によるSSM攻撃のイメージ図

明をしましたが、青部隊としては赤部隊の SSM 攻撃に対処するため、実際に弾は飛んできませんが先の攻撃通知を受信したならば、「対空戦」に移行しなければなりません。

戦闘においては、「攻撃」と同様「防御」もまた重要なのです。

4）射撃訓練・発射訓練

個人訓練、個艦訓練そして部隊訓練（各種戦訓練）の概要を述べてきました。ここまで説明した訓練は、砲、魚雷など実際に弾を撃つものではありませんが実際の戦闘場面においては、実弾を撃たなくてはなりません。ある日突然、「護衛艦○○は直ちに不審船を砲撃、不審船を停船させよ」とか、「国籍不明の潜水艦が領海内を潜没航行中である。探し出して攻撃、撃沈せよ」と言われても、日頃からしっかりと訓練を行っていなければ弾は当たりません。領海を侵犯してくる北朝鮮の不審船に対し、海上自衛隊が警告射撃を行ったことがありました。

相手に弾を当てないで、相手の進行方向前方などに弾を撃つのですが、これも相応のスキルがないとできるものではありません。訓練ではありますが、あくまで実戦を想定して非常時に備えているのです。

戦闘に関する各種訓練の中で、大砲・ミサイルを実際に撃つ射撃訓練や魚雷・ロケット魚雷を実際に撃つ発射訓練について、紹介します。

　　①大砲・機関砲射撃訓練

ａ．大砲による射撃訓練

　ｉ　水上射撃訓練

　　　敵水上艦艇、不審船等に対する射撃の訓練です。ここでは、

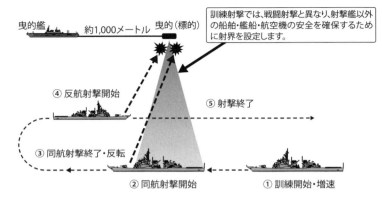

図 3-23　水上射撃訓練模式図

基本的な射撃訓練について説明します。

図 3-23 に訓練の概要を示します。水上射撃訓練においては、通常、射撃の標的となる曳的を曳航する曳的艦の支援を受けます。艦艇は、曳的艦の曳く曳的に対して射撃を行います。

射撃訓練のたくさんの種類の中の、ごく基本的な訓練のひとつです。

曳的艦は速力 6 ノット程度、ワイヤーロープ約 1,000 メートルで曳的を曳きます。射撃艦は、訓練計画に示された射撃の準備位置（図 3-23 ①）につきます。（曳的からの距離は通常、その艦の砲の最大射程付近となり、54 口径 5 インチ速射砲や 54 口径 127 ミリ速射砲などは、おおむね 7〜8 マイル程度です）

「訓練開始」となれば、射撃艦は曳的艦と平行の針路で速力 21〜24 ノットに「増速」し射界に入ったら射撃を行います。曳的・射撃目標と同航で行うので、「同航射撃」（同図②）と言います。

「同航射撃」が「終了」すると、射撃艦は「反転」し（同図③）曳的艦の針路と反対の針路とし、訓練計画にもよりますが、曳的艦との相対速力との兼ね合いから速力を18ノット程度に減速します。

反転が終了すると射撃艦は射界に入ったら射撃を再開します。これを「反航射撃」（同図④）と言います。

「反航射撃」を「終了」（同図⑤）して、その艦の射撃は終了します。通常、「護衛隊レベル」「護衛隊群レベル」のグループで射撃訓練を実施しますので、各艦は定められた順序により順次、射撃を行います。

ところで、「弾が当たるのか、当たらないのか？」ですが、艦艇における射撃指揮官は「砲雷長」や「砲術長」です。近代化された大砲射撃指揮装置は射撃用レーダーと連動した射撃用コンピューターで自動的に迅速・確実な射弾修正を行います。

しかし、ここでは手動的射弾修正法について説明します。まず、曳的に対して「試し撃ち（試射）」を行い、弾道と弾着を確認します。弾が飛びすぎて曳的の向こう側に弾着した（「遠（エン）」と言います）とか、逆に曳的の手前側に弾着（「近（キン）」と言います）したり、あるいは、曳的に向かって右または左に弾着したり、その修正を行うのです。

この修正をいかに迅速かつ的確にやるか、が「砲雷長」「砲術長」の腕の見せどころであり、その修正を実行に移す現場の下

図3-24　54口径127ミリ速射砲
（出典：海上自衛隊HP）

士官・兵のスキルと相まっての射撃チームとしての力量が問われます。

修正を行った後の射撃は「本射」といい、ここから本格的な射撃に移行します。弾着が収束し、弾着が曳的を挟み込む形（「挟叉」と言います）が最良ですが、曳的にダイレクトヒットすることもあります。

当たる人もいれば、なかなか当たらない人もいて、訓練終了後の「事後研究会」においては、射撃訓練の成果を発表しますが、失敗した射撃指揮官は大変です。徹底した原因究明が求められるからです。

冷や汗ものです。戦闘における最終成果の評価ですから、当然のことではありますが……。

ⅱ 対空射撃訓練

戦闘機等航空機および ASM、SSM、USM 等ミサイルに対し、大砲をもって行う射撃の訓練です。

図 3-25 に訓練の概要を示します。対空射撃訓練においては、「航空標的」（図 3-25 ①）を曳航する有人航空機の支援を受けます。海上自衛隊は曳的機として U-36A という航空機を保有しています。この U-36A が機体の後部から約 5,000 メートルのワイヤーロープを出し、その先に「航空標的」（図①〜②）を曳いて飛行します。

艦艇は、この「航空標的」を目標として射撃を行います。U-36A はジェット機で、高速での飛行が可能なのでミサイル等を模擬した射撃訓練が支援できるのです。

U-36A の飛行パターンはいろいろありますが、図 3-22（78

第 3 章　艦艇の業務・海上交通を守る　　83

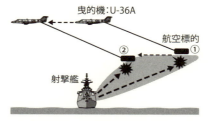

図 3-25　対空射撃訓練模式図

頁参照）で示しているのは、U-36A が艦艇の真横から艦艇上空を通過するパターンです。戦闘における射撃ではなく、訓練なので安全には最大限の注意を払います。

例えば、U-36A が艦艇の真上を通過し、U-36A から「射撃を実施して差し支えない」の旨が艦艇に通知されない限り艦艇は発砲してはならないとか、艦艇が U-36A 本体ではなく、「航空標的」のみに砲が照準されていなければならないなど、厳しい規約が訓練計画等に設定されています。高速で進入する U-36A の安全を優先的に確保しなければならないからです。

以上のような安全に関する厳しい規定の下、艦艇は高速で突っ込んでくる U-36A と「航空標的」を確実に見分け、訓練計画に定められた射撃の範囲：射界（図 3-25 ①で射撃開始、同②で射撃終了、アミカケの範囲）において的確な射撃を実施しなければなりません。

「航空標的」に対し射撃を行うとはいえ、「航空標的」を曳いているのは有人

図 3-26　曳的機 U-36A
（出典：海上自衛隊 HP）

のU-36Aです。射撃の成果もさることながら、安全確保にはかなり気を使う訓練と言えます。

艦艇から発射された砲弾が「航空標的」付近で炸裂、あるいは「航空標的」を撃墜しますと、前者は「有効弾」、後者はまさに「TARGET DESTROY」ということになります。

「対空射撃訓練」は「水上射撃訓練」と異なり、相手が高速なので、あっと言う間に射撃は終了します。

定められた規約において、計画どおりの弾が発砲できたか？、命中率は？、安全確保に問題はなかったか？、などが訓練終了後の「事後研究会」において検討されることとなります。

「航空標的」を撃墜した艦艇、有効弾を数多く得た艦艇は鼻高々ですが、有効弾が一発もなかった、残弾が生じた、安全上問題が認められた、などの艦艇はその原因究明と今後の対策を発表しなくてはなりません。「針の筵」となるわけです。

b．機関砲による射撃訓練

高性能20ミリ機関砲による射撃訓練については、前記「航空標的」を使用する訓練とシステムチェックのような方式で弾を撃つ方式があります。

「航空標的」を使用する訓練は、大砲を使用する対空射撃訓練と同様のやりかたで、システムチェック方式は、「PAC射撃」といい、ある一定の角度に機関砲を向け、一気に（約5秒程度）発砲します。

図3-27　高性能20ミリ機関砲による射撃訓練（出典：海上自衛隊HP）

日頃の点検において機器が良好に維持され、かつ、「PAC射撃」において順調に発砲できれば、高性能20ミリ機関砲は全能発揮可能な状態にあるということになります。

参考までに、日本周辺海域において何処で射撃等が行われているかについて紹介しておきます。

図3-28は防衛省ホームページを元に一部改変し掲載したもので、「Y-3」、「L」、「H・H」と表記された海域が、日本周辺海域

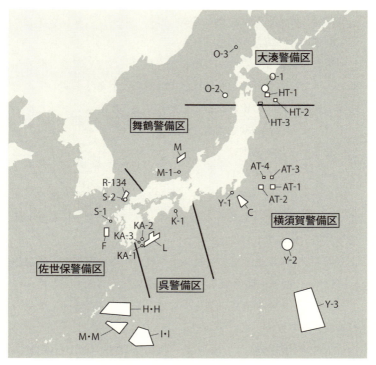

図3-28 日本周辺の射撃等海域図

において設定された射撃等海域です。

　射撃等を行うに当たっては射撃等実施海域付近を航行する船舶、航空機に対し、事前にその情報を公開しなければなりません。したがって、防衛省は「防衛省告示」をもって十分余裕のある時期に射撃等を実施する旨を公表します。

　公表内容は、「平成××年××月××日～××月××日の間○○○○時から○○○○時まで○○海域において自衛艦○隻による対空射撃訓練を実施」となります。

　同様に、海上保安庁からも「水路通報」および「航行警報」として同じ内容の情報が告示されます。

　射撃等を実施する際は、上記の告示がなされていても一般の船舶にあっては射撃等海域を航行していることもありますので、その安全確保には十分留意する必要があります。

　ミサイルの射撃訓練を説明します。

　　②ミサイル射撃訓練

a．SAM（SURFACE TO AIR MISSILE）

　海上自衛隊の護衛艦が保有するSAMには、イージス艦等ミサイル護衛艦に装備された長射程SAMとヘリコプター搭載護衛艦搭載の短射程SAMがあります。

　長射程SAMは主として艦艇部隊全般の防空を担当し、短射程SAMは主に個艦の防空武器としての役割を持ちます。したがって、長射程SAMの射程は数十マイル、短射程SAMは十数マイル程度となります。

　SAMの射撃を実施する場合は、「訓練支援艦」（海上自衛隊は、「くろべ」「てんりゅう」の２隻を保有）の支援を受けるのですが、

「訓練支援艦」から発射される無線誘導式無人ジェット標的機（ターゲットドローン、図3-29の点線囲み）をターゲットとします。

「訓練支援艦」は発射した各種の標的機をコントロールして、訓練計画に定められた飛行パターンで射撃艦にターゲットサービスを行います。標的機の飛行パターンは、より実戦に近い、いろいろな飛行パターンがあり、長射程SAMの射撃と短射程SAMの射撃では異なりますが、ここでは省略します。

射撃艦は、「訓練支援艦」から発射された標的機をターゲットとして捜索用レーダーで探知、その後ミサイル射撃用レーダーにより捕捉してミサイルを発射します。私はイージス艦の一世代前のミサイル護衛艦「はたかぜ」艦長を経験していますが、前甲板に装備されたミサイルランチャーに、ミサイルが甲板下部のミサイル弾庫から勢いよく装填され、ミサイルランチャーがターゲットに指向する様子が艦橋の艦長席からよく見え、気持ちが高まったことを覚えています。

発射されたミサイルはターゲットに向けて飛行しますが、飛行

図3-29　訓練支援艦「てんりゅう」
（出典：海上自衛隊HP、一部改変して転載）

する様子は戦闘中枢区画でモニターし皆、固唾を呑んでミサイルの行方を見守っています。

ミサイルがターゲットにヒットする瞬間、ミサイルの飛行をモニターするレーダーオペレーターが「ＳＴＡＮＤＢＹ……ＭＡＲＫ・ＩＮＴＥＲＣＥＰＴ！」（間もなくヒット

図 3-30　長射程 SAM・スタンダードミサイル「はたかぜ」型ミサイル護衛艦
（出典：海上自衛隊 HP）

…用意！・インターセプト！（迎撃ということ））と報告します。艦内に緊張感が溢れます。私の経験では、長射程 SAM の射撃訓練が最も緊張する訓練でした。

そして…「TARGET DESTROY！」と言いたいのですが、次の射撃艦に備えての標的機の準備などを考慮し、通常はミサイルが標的機に直撃（ダイレクトヒット）する直前に、「訓練支援艦」は標的機の針路などを変えてミサイルが標的機に直撃せず撃墜されないようにします。（その都度、高価な標的機が撃墜されるのでは、高価な標的機はいくらあっても足りません。）

ミサイルがターゲットに当たったか？迎撃に成功したか？が重要なのですが、ミサイルとターゲットの最近接距離でヒットしたかどうかが判定できるようになっています。

b．SSM（SURFACE TO SURFACE MISSILE）

SSM の射撃訓練については、SSM の射程が長大なため、日本周辺海域において実施できる射撃等海域はありません。海上自衛隊の艦艇は米国派遣訓練等の際、米海軍の支援を得て、ハワイ沖の射撃海域において SSM 射撃訓練を実施しています。

③短魚雷・ASROC発射訓練

ここでは、弾が水中を航走する短魚雷とASROCの発射訓練です。（イメージは図3-32の通りです。）

図3-31　SSMの射撃訓練
(出典：海上自衛隊HP)

艦艇から発射された短魚雷・ASROCは水中に入ると、捜索のシステムが作動し魚雷自らが音波を発信、潜水艦からの反響音に対してホーミングして最終的には潜水艦にヒット！になります。

短魚雷は短魚雷発射管から発射されるとすぐ水中に入りますが、ASROCはロケットの先に魚雷をとりつけランチャーから発射するもので、空中を飛行した後水中に入り、その後は短魚雷と同様のパターンで潜水艦を捜索、攻撃します。短魚雷は比較的近距離にある潜水艦を攻撃、ASROCは遠距離からの攻撃です。

短魚雷とASROCの発射訓練においては、潜水艦を模擬した水中自走標的が使用されます。水中自走標的には予め針路、速力、深度等がプログラミングされており、艦艇はこれをターゲットとして短魚雷・ASROCの発射訓練を行うのですが、魚雷が水中自走標的にヒット、その都度爆発していたのでは、水中自走標的がいくらあっても足りませんので、水中自走標的の近くに来たら航走を止めて海面に浮上する訓練用魚雷を実戦用魚雷に代え

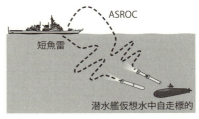

図3-32　短魚雷・ASROC発射訓練のイメージ図

て使用します。

ASROCは、1992（平成4）年就役のイージス艦「こんごう」より前の艦艇においては、図3-34の写真にあるとおり、ランチャーから発射されるものでした（ターゲットの方向にランチャーを指向することが必要）。イージス艦「こんごう」以降の艦艇においては、図3-35のとおり垂直発射のASROC（VERTICAL LAUNCH ASROC・VLA）が採用されています（ターゲットの方向とは関係なく垂直に発射）。

短魚雷・ASROCの発射訓練においては、通常、訓練用魚雷を使用しますので発射訓練が終わりますと、発射した魚雷を回収しなければなりません。魚雷を再調整し次の訓練のために使用するからです。

図3-33　短魚雷発射
（出典：海上自衛隊HP）

図3-34　ASROC発射
（出典：海上自衛隊HP）

発射された訓練用魚雷は海面に浮上しますので、広い海の上でこれを探して艦艇のボートで回収することになります。

ボートに乗っている作業員が魚雷にロープを掛けてボートに横抱きにし、艦に戻って魚雷を揚収します。さらに、魚雷の揚収が

終わればボートを艦にあげなくてはなりません。穏やかな海面なら問題はありませんが、波・うねりの中で作業をしなければならないことが多くあります。

このような作業を「運用作業」と言いますが、海という自然を相手にして安全かつ迅速に作業を行うという高いスキルが求められることになります。

図 3-35　垂直発射の ASROC
（出典：海上自衛隊 HP）

多くの艦艇が発射訓練を行い、発射終了の都度魚雷を回収するのですから、もたもたした作業をやっていると艦艇部隊全体の訓練に支障を与えてしまうどころか、人員の負傷等にもつながりかねません。

短魚雷・ASROC 発射訓練は「運用作業」を伴うので、大砲、20 ミリ機関砲およびミサイルの撃ち放しの訓練と大きく異なる特徴があります。

5）洋上補給訓練

「補給」とは、部隊が作戦を遂行するに当たって必要な燃料・弾薬・食糧・真水・物品等を部隊に供給することで、「洋上補給」とは、艦艇部隊が港湾などに停泊して「補給」を受けるのではなく、洋上・海の上で補給を受ける、という意味です。

洋上において補給が実施できれば、艦艇部隊が作戦行動を中断して港湾などに寄港して補給を受ける必要がなく、長期間継続した作戦行動が可能、となります。

「洋上補給」により長期間の洋上行動が可能になり、滞洋能力の高い海軍となります。

「洋上補給」を実施するには艦艇部隊に燃料・弾薬・食糧・真水・物品等を補給できる「補給艦」を保有しなければなりません。海上自衛隊では、1962（昭和 37）年に給油艦「はまな」が就役しました。「はまな」は、基準排水量 2,900 トン、満載排水量では 7,550 トンと小型の艦で、もっぱら艦艇に燃料を補給する任務で「給油艦」と呼称されていましたが、1976（昭和 51）年にはその他の補給設備も備えられ、「補給艦」と呼ばれるようになりました。たった 1 隻かつ小型の艦とはいえ、海上自衛隊が洋上での補給能力を保有することになったのです。

給油艦「はまな」の就役は、海上自衛隊が沿岸海域を活動の主たる地域とする「COASTAL NAVY」から大洋での長期行動が可能な「OCEAN NAVY」へと発展する第一歩となりました。

1979 年には「はまな」より一回り大きい基準排水量 5,000 トン・満載排水量 11,600 トンの「さがみ」が誕生しました。「さがみ」は後部飛行甲板でのヘリコプター発着が可能で（図 3-36 点線囲み部分）、補給艦としての能力は「はまな」に比べ大きく向上しました。

海上自衛隊の補給艦はその後大型化・高性能化を遂げ、1987（昭和 62）年には基準排水量 8,100 トン・満載排水量 15,850 トンの「とわだ」が就役、1990 年には「とわだ」より 50 トン大型の「ときわ」および 2 代目「はまな」が誕生しました。

さらに、2004（平成 16）年および 2005 年には基準排水量 13,500 トン・満載排水量 25,000 トンの「ましゅう」および「お

図3-36 2005年退役の補給艦「さがみ」

うみ」が就役しました。「とわだ」以降の各補給艦は2001年9月11日に発生したアメリカの同時多発テロを契機として日本が参加した「不朽の自由作戦」におけるインド洋での補給支援活動に従事しました。活動は、同年11月から2010年1月まで（2007年11月〜2008年1月：一時中断）実施されました。アメリカ、イギリス、フランス、ドイツ、イタリア、スペイン、オランダ、ギリシャ、カナダ、ニュージーランド、パキスタンの海軍艦艇に艦船用燃料等を補給したのですが、その実績は次のとおりです。

表3-4 艦船用燃料等の補給実績

種　類	補給回数	補給量
艦船用燃料	941	約52万キロリットル
航空機用燃料	85	約1,200キロリットル
真水	195	約11,130トン

図3-37　2010年2月6日　インド洋での最後の任務を
終え、晴海港に入港する補給艦「ましゅう」
（出典：海上自衛隊横須賀地方隊HP）

　海上自衛隊の補給艦はインド洋における補給支援活動において、ただ一つの事故もなく任務を完遂し、補給艦の護衛に当たった護衛艦を含め大きな成果を収めて作戦を終了しました。

　この補給支援活動を通じて、海上自衛隊はその洋上補給能力の高さを遺憾なく発揮しました。

　対テロ作戦の「不朽の自由作戦」に参加して海上自衛隊の補給艦から補給を受けた各国海軍からも高い評価と謝意を受けました。これは海上自衛隊が本格的な「OCEAN NAVY」に成長した証である、と私は思っています。

　洋上補給において艦艇部隊が「補給艦」から補給を受けるものとしては、「艦船用燃料」（軽油）、「航空機用燃料」（JP-5：艦載ヘリコプター用燃料）、「弾薬」、「生糧品」等食糧、「真水」および「機器予備品」等物品などがあります。

この中で最も多いのが「艦船用燃料」と「航空機用燃料」の補給です。実際に燃料の補給を受けますので、訓練とはいえほとんどの場合は実動となります。

「洋上補給」の手順について、2002年3月「東チモール派遣海上輸送」において実施した「洋上補給」を例に挙げて説明します。

「洋上補給」計画は事前に次のようなことが示されます。

 i 「補給を行う地点」(補給艦と受給艦部隊が会合(ランデブー)する地点のこと、「会合点(ランデブーポイント)」)
 ii 「補給開始(終了)時刻」
 iii 「補給ステーション」(補給艦装備のいわゆる給油口等で、複数個所に装備され、これを補給ステーションと呼称)
 iv 「燃料補給量」(艦船用燃料:○百キロリットル、航空機用

図 3-38　補給ステーション
補給艦に装備された物資補給および燃料補給を行う構造物のこと。
左側が物資補給、右側が燃料補給。

　　　　燃料：○十キロリットル)

　v　「補給順序」(輸送艦「おおすみ」護衛艦「みねゆき」の順)

　vi　「補給針路・速力」(補給針路：TBD(TO BE DETERMINED、

　　　　「後令」と言い、補給実施現場の海上模様をみて当日決

　　　　定。補給速力：12ノット(通常12ノットを使用))

　受給艦部隊と補給艦は会合点到着以前から無線電話等により連絡を取り合い、補給針路を決定するとともに、可能な限り補給計画にある補給開始時刻にこだわることなく準備が出来次第、洋上補給を開始します。

　他の訓練、作業においてもそうですが、海上自衛隊では準備が完成したら直ちに訓練、作業を開始します。会合点に集合する時もそうですが、だいたい計画より早目に会合することを常としています。「海は千変万化、今安全でもこの後何があるかわからない」との考えが浸透していると言えます。海という自然を相手にする仕事ですから、このような考え方は重要なのです。

　補給艦「さがみ」と受給艦部隊の輸送艦「おおすみ」および護衛艦「みねゆき」は図3-39①の準備隊形を作ります。補給順序は輸送艦「おおすみ」護衛艦「みねゆき」の順ですから、輸送艦「おおすみ」が補給艦「さがみ」の左斜め後方約500メートルにつき、護衛艦「みねゆき」は補給艦「さがみ」の後方約1,000メートルにつきます。

　補給針路は270度(真西に向かう針路)、補給速力は12ノットです。

　この場合の護衛艦「みねゆき」は、単に2番目に補給を受けるためのスタンバイだけではなく、洋上補給中の補給艦「さがみ」

輸送艦「おおすみ」から人員が海中に転落した場合に備える人命救助艦としての重要な役目を担当します。

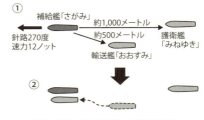

図 3-39　洋上補給の準備隊形

各艦の準備が完了しますと、「洋上補給」の開始です。補給艦「さがみ」から輸送艦「おおすみ」に対し、「当方に近接差し支えなし」（「接近」とは言いません）を意味する信号旗が掲揚されますと、図 3-39 ②のように輸送艦「おおすみ」は直ちに速力を12ノットから18ノットに増速し、補給艦「さがみ」の真横（「正横（せいおう）」と言います）に向かいます。

（蛇足ながら、複数の艦艇が陣形などを整形して行動する場合

図 3-40　洋上補給時の補給艦「さがみ」（右奥）と近接する輸送艦「おおすみ」（手前）

はある一つの艦が基準艦とならなくてはなりません。「洋上補給」の場合は、「補給艦」が基準艦となり作業を行います。）

　輸送艦「おおすみ」は基準艦の速力12ノットより6ノット速い速力で近接しますが、補給艦「さがみ」の正横に並ぶ手前ある①時点で速力を12ノットに減じなくてはなりません。

　図3-40は、輸送艦「おおすみ」が補給艦「さがみ」の左斜め後方約500メートルから補給艦「さがみ」に近接中のもので、この写真は約300メートル付近まで近接した時の様子です。

　「受給艦」は「補給艦」の正横に並んで航走しながら補給を受けるのですが、その正横距離はおおよそ30～40メートルとなっています。

　前掲の輸送艦「おおすみ」と護衛艦「みねゆき」が並んで航走している写真が図3-5（41頁参照）ですが、この時の両艦の正横距離は約30メートルと結構近いものです。

　近接する「受給艦」においては、艦長の命を受けた士官―通常、航海長―が操艦に当たります。

　「補給艦」の補給ステーションに「受給艦」の受給ステーション（受給艦の燃料受給孔等）が、限りなく真横に近くなるように迅速かつ的確に艦を操ります。穏やかな海面ならまだしも、荒れた海になりますと艦は揺れ、その都度、針路がふらつくこともあり、さらには「補給艦」との正横距離が約30メートルと極めて近いこともあって、高いスキルを必要とします。

　私も中堅士官時代に洋上補給における操艦を数多く経験しましたが、緊張の連続でした。

　艦長になりますと、中堅士官を監督する責任者として、中堅士

第3章　艦艇の業務・海上交通を守る

図 3-41　並走する 2 隻の艦艇
近距離での並走であり、高い操艦スキルを備えていても、緊張の連続である。

官時代とは異なる緊張もありました…。

　図 3-41 は洋上補給ではありませんが、2 隻の艦艇が並走している写真です。ここでは、艦と艦の距離を示すロープ：距離索を見ながら、概ね 25〜30 メートルの距離を保つとともに前後の位置をほぼ 1 メートル以内になるように操艦しています。艦番号 151 を基準艦として、手前の艦は艦橋の位置を艦番号 151 の大砲の真横になるように操艦するのです。基準艦は針路、速力を一定にして航走、手前の艦が針路、速力を調整します。海上模様が平穏であればいいのですが、波、うねりが高くなると簡単なものではありません。

　図 3-42 ①は補給艦「さがみ」への近接が終わり、補給艦「さがみ」の補給ステーションから艦船用燃料補給用ホース（蛇管）が送出され、輸送艦「おおすみ」の受給ステーションと結合して艦船用燃料を補給しているところです。

①艦船用燃料補給用ホースおよび物資補給用ワイヤーで結合。

②（左）③（右）燃料補給と併せて行う食糧補給

図 3-42　燃料補給と食糧補給

　図 3-42 ②および③は、①の燃料補給と同時に輸送艦「おおすみ」前甲板で実施した食糧補給の様子です。弾薬、物品等を補給する場合も②、③の写真と同様の方法で実施します。

　先ほど「受給艦」は「補給艦」の正横おおむね 30～40 メートル付近において補給を受ける、と紹介しました。

　「受給艦」と「補給艦」の間には、両方の艦を繋ぐワイヤーロープとこれに接続された燃料補給用ホースがわたされています（図 3-42 ①）。さらに、同時に艦首側においても食糧、物品等の補給を実施することになります。艦首側でも補給用のワイヤーロープが両方の艦を繋ぎます（図 3-42 ③）。

第3章 艦艇の業務・海上交通を守る　*101*

　また、両方の艦を距離索・電話索で繋ぎますので、両艦の正横距離○○メートルが一目瞭然に判るとともに、両艦の艦橋同士が有線電話で話せるようになります。

　「受給艦」「補給艦」ともに、がんじからめになって速力12ノットで航行しながら補給を行います。その所要時間は燃料補給量等によりますが、この時は1時間程度だったと思います。

　その間に他の船舶と遭遇し、避航しなければならない場合も当然あります。両艦は、横に繋がったまま、先ほどの有線電話で連絡を取り合いながら、同時に舵をとって針路を変えます。両艦の連携と高度の操艦技量を発揮する時です。「受給艦」は、「補給艦」との正横距離30～40メートルを保持しつつ、かつ、燃料受給ステーション、食糧受給ステーションが「補給艦」の燃料補給ステーション、食糧補給ステーションの正横付近に並ぶように、操艦しなくてはなりません。

　操艦を誤ると「補給艦」に衝突したり、燃料用ホース等が外れたりすることがあります。艦長の命を受けて操艦に当たる士官は、全神経を集中して艦を的確に操ることが求められます。

　このようなこともあり、補給を受けている時間はすごく長く感じます。

　当然のことながら、作戦行動中は潜水艦の襲撃等、敵の脅威が予測されます。警戒態勢を維持しつつ作業を実施し、深夜かつ荒天での「洋上補給」もあり、平穏かつ脅威のない、昼間の「洋上補給」とは比較にならないほどの緊張状態での作業となります。

　最も、このような厳しい状況下にあっても平然と「洋上補給」が実施できるのが一流の海軍です。

6) 戦闘訓練

これまで、「対潜水艦戦」「防空戦」「対水上戦」「弾を撃つ」訓練、そして「洋上補給」を紹介してきました。いよいよ最後の訓練紹介です。

海上自衛隊は近年、PKO、国際緊急援助活動、対テロ作戦に伴う補給支援活動および海賊対処など、海外において様々な任務を遂行しています。

これら任務を完遂するためには、相応の訓練も実施しなくてはなりませんが、軍隊の要訣は戦闘にある訳で、戦闘に関する訓練はいつの世も極めて重要なのです。

今から紹介する戦闘訓練は、単に「戦闘」の訓練だけではなく艦が敵の攻撃により被害を受けながらも、これを凌ぎつつ、いかに「戦闘」を継続するか、の訓練で、私か中堅士官の時代は「戦闘応急訓練」と呼んでいました。

「応急」とは、「DAMAGE CONTROL」のことですが、戦闘場面においては敵を撃破するだけであれば何の苦労もありません。艦が敵の攻撃により被害を被るということは当然あるのです。実戦においては、敵の魚雷攻撃で艦の水線下外壁に開いた穴・破孔からの浸水、エンジンの損傷・舵の故障や敵のミサイル攻撃で火災した発生、さらには乗員の死傷、など様々な被害が考えられます。

戦闘訓練は、個艦（1隻のみ）で実施する場合と、複数の艦艇で編成されるタスクグループ（護衛隊群レベルならば通常艦艇8隻をもって編成される任務部隊）において実施する場合があります。個艦における戦闘訓練は「BASIC TRAINING」であり、タ

第3章　艦艇の業務・海上交通を守る　*103*

スクグループによる「戦闘訓練」は「ADVANCED TRAINING」
と言えます。まずは、個艦の戦闘スキルを向上させ、そして、グ
ループとしての能力を磨く、ということなのです。

　個艦における「戦闘訓練」の概要から紹介します。

　被害の想定は事前に訓練計画において定めておきます。例えば、
敵潜水艦の発射した魚雷が艦の至近距離で爆発、艦のある区画に
大穴が開き、ここから大量の海水が艦内に流れ込む、同時に、艦
内の電源の一部が途切れ、戦闘情報センターが真っ暗闇に、爆発
時の振動で一部のエンジンが停止、また、舵機モーターの電源が
断、舵が利かなくなる、さらには、乗員寝室の電燈がショートし
て乗員寝室に火災発生、等々です。

　艦の「戦闘」能力のうち非常に重要なものを人に例えると先に
説明した図2-3（26頁参照）のとおりです。

　エンジンが損傷し、低速でしか航行できない艦は敵の格好の餌
食となります。大砲、ミサイル等武器が使用不可能になれば、敵
を攻撃することはおろか、敵の攻撃から艦を守ることさえできな
くなります。

　また、レーダー等捜索機器が使えないと、敵の所在を探知する
ことも、敵を攻撃あるいは敵からの攻撃対処に必要な敵の位置情
報を入手することもできません。舵が故障すれば、艦を自在に操
ることができなくなるので、これもまた敵の格好の餌食となるの
です。戦闘訓練においては、特に上記5点に被害を想定し、こ
の被害を応急的に克服しつつ戦闘を継続する訓練を実施します。

　エンジンが故障しますと、エンジンを担当する機関科はできる
だけ高速が使用できるよう被害に対応し、大砲、ミサイル等武器

が使用できなくなれば、これを受け持つ砲雷科は、なんとか武器が使用できるよう対処します。

　船務科はレーダー等捜索機器とデータ通信装置等の能力維持に全力を傾注し、舵故障にあっては、航海科、機関科等が対応して艦を挙げて被害に対処しつつ戦闘を継続していくのです。

　戦闘中の食事は、おおよそ４段階のメニューで、質・量の高い順から「弁当」「おにぎりと簡単な副食」「缶詰食」および「乾パン」となっており、質・量が高いほど調理に時間がかかります。

　「乾パン」以外は結構おいしいものです。戦闘の合間に喫食するので、各乗員は自分の持ち場で食事を摂ります。したがって、立ったまま喫食する者が多くいます。

　調理は補給科が担当しますが、補給科は食事の他に、武器、機器の予備品等の手当も行います。専門の倉庫がありますが、予備品は番号などで管理するので、日頃からの整理・整頓が行きとどいていないと、戦闘時において予備品を出すのに時間がかかり、これが戦闘能力回復の足をひっぱってしまう、ということになりかねません。このように、挙艦一致で戦闘を遂行していくのですが、一人の怠慢が艦の運命を左右するということもあり、訓練においては各人の役割の大きさを認識させることも重要です。

　また、被害を受けて本来真っ暗闇であるはずなのに「電灯消したつもり」などという訓練を行う者にとって都合のいいシナリオは避けなくてはなりません。

　真っ暗闇の中でも応急用のかすかな灯りを頼りに、戦闘が継続できるよう各人は自己の持ち場に精通しておくことが重要です。

　艦長になってからも戦闘訓練は数多く経験しましたが、いろい

ろな戦記を読むと、過去の海戦においては、艦橋で火だるまになりながら戦闘の指揮をとり、敵が去ったあと絶命した勇猛な艦長もいれば、発狂した艦長、臆病な艦長もいます。

　自分がそのような場面に立った時、膝が震えずに的確な指揮ができるか、口から明確な命令・号令が発せられるか、など考えることの多い訓練ではありました。

　実戦がないことを祈りつつ、艦の戦闘能力を発揮する実戦場面があって欲しくないことを願いつつも、実戦における勝利を目指してひたすら訓練に励む、ということになります。

　ここからは、タスクグループにおける戦闘訓練の紹介です。

　タスクグループにおける「戦闘訓練」は、主として対潜水艦戦、防空戦および対水上戦を遂行中との想定で実施します。タスクグループの指揮官は作戦部隊指揮官であるとともに、訓練を統制する訓練統制官でもあるので、訓練統制官として訓練シナリオ等を企画・統制します。

　訓練統制官は、作戦行動中、潜水艦、航空機あるいは水上艦艇から攻撃を受けたことを想定、指定する艦に想定被害を発生させます。

　A艦には「舵故障」、B艦には「エンジン1機損傷」、C艦には「右舷に大破孔、大浸水」といった想定被害を発生させ、その処置を実施させるのです。

　個艦の訓練と大きく異なる点は、想定被害を受けた艦は、被害処置に当たりながら、速やかにタスクグループ指揮官に被害状況を報告しなければならない、ということです。

　大砲、ミサイル等武器は使用できるのか、レーダー等捜索機器

の状況は？、出しうる最大速力は何ノットか、などは個艦にとって重要な事項です。そして、これはタスクグループ全体の戦闘能力、作戦行動に重大な影響を及ぼすことになるのです。

　被害想定が発生した艦から報告を受けたタスクグループ指揮官は、その艦の現状と被害復旧見込み、タスクグループの任務遂行等を勘案し、タスクグループの以後の作戦行動を決定しなければなりません。

　ある艦が航行不可能となれば、これを他の艦に曳かせなければなりません。また、船団の護衛とか重要船舶の護衛を実施中であれば、船団、重要船舶を守り切ることがミッションなので、護衛の艦をなんとか確保しなければなりません。

　さらに、タスクグループ指揮官が乗艦する艦（旗艦）が、通信不可能、舵故障など致命的な被害を受けた場合は、旗艦の変更も実施しなくてはなりません。

　このように、各艦からの被害報告を的確に把握し、任務完遂を目指す訓練を実施しますが、部隊としての「戦闘訓練」においては、個艦における被害対処に加え、タスクグループ指揮官の指揮についての演練が大きな狙いと言えます。

　海上作戦を遂行するための究極の訓練が「部隊戦闘訓練」なのです。

（3）諸外国との共同訓練・親善訓練

　海上自衛隊は、アメリカはもとより、オーストラリア、ニュージーランド、ロシア、韓国、ベトナム、フィリピン、スリランカ等多くの国とここ数年で40回を超える共同訓練・親善訓練を行っ

第 3 章　艦艇の業務・海上交通を守る　　107

図 3-43　RIMPAC（環太平洋諸国海軍合同演習）での 1 コマ

図 3-44　親善訓練の 1 シーン

ています。
　実施海域は、日本周辺海域はもとより、アメリカ西海岸海域、ハワイ周辺海域、東シナ海・南シナ海訪等東南アジア・オセアニア海域などで、広範囲にわたっており、遠洋練習航海における親善訓練等を含めると、その実施海域は全世界に広がります。

共同訓練等の中でも、日米共同訓練は、米海軍との相互運用性と共同対処能力を高めるという重要な目的があり、年に一度の海上自衛隊演習は日米共同をベースとした、日米統合共同演習となっています。日米共同訓練は、洋上で同一海面を行動するような機会があれば短時間であっても「PASSEX」（2か国の海軍艦船が相互運用性を高めるために通信や編隊航行などを行う短期訓練）と称し実施されています。

このように、平素からの共同訓練が、北朝鮮の弾道ミサイル発射対応など重要な局面において生かされているのです。

アメリカ以外の国との親善訓練等は、主として信頼関係を深めることを目的として実施されており、海上自衛隊は日米共同訓練、各国との親善訓練等を通じて海上自衛隊の戦術スキルの向上を図るとともに、海上自衛隊のプレゼンスを示すことにより、より望ましい安全保障環境の構築に寄与しています。

2　停泊中の業務

1年間で「航海」状態であるのは、私の現役時代で、おおむね150日間程度でした。現在は海外派遣等が多い状況なので、もっと長期間にわたっているでしょう。「なんだ、150日程度か・・・」と思われるかもしれませんが、1年365日、このうち休養日（土・日・祝日）は130日程度、これにゴールデンウイーク、夏の盆休み、年末年始休暇を加えると約150日となります。「航海」と休みはほぼ同期間、これとは別に艦のメンテナンスの期間も必要なので、1年間で150日間海上にいるということは、結構ハードなのです。

第3章 艦艇の業務・海上交通を守る　*109*

　休日でも「航海」していることが多く、母港に帰れば「航海」終了後の反省会、次の航海に備えての諸準備等に追われ、代休をとるのもままならない、ということになります。

　私の現役時代のパターンは、「航海」3週間と「停泊」1週間の繰り返しが4月から11月まで続く、というものでした。休む暇もありませんが、3週間の「航海」を終え、自宅（または官舎）に帰りますと、（厳密には「帰る」とは言いません。艦が生活・勤務の場ですから「上陸」と言います。そして、艦には「帰る」というのです。）久々の家族との再会です。

　お互いに再会して嬉しいのですが、2日もしますと、「お父さん、次はいつ出港するの？」と家族の声…。

　「帰ってきたばかりじゃないか！」と思うのですが、船乗りの悲しい習性なのでしょうか、すぐにでも海に出たくなるのです。

　要するに、「亭主元気で留守がいい！」ですが、亭主も心得たもので、家族から離れ、遠い遠い港で一杯！という密かな楽しみを期待しているものでした。

　ですから、「航海」は、精神的、肉体的にも相当辛いはずなのに、それを感じることはほとんどなく過ごすことができました。

（1）日　　課

　艦艇にはそれぞれ母港（定係港）があり、ここをベースとしています。海上自衛隊の主要な港は、横須賀、呉、佐世保、舞鶴および大湊の5港（図1-8、8頁参照）で、艦長以下乗組員の生活の拠点でもあります。

　主として母港停泊中の大まかな状況を時間を追って説明します。

午前6時注11)（冬季は午前6時半）起床。乗員の一部は艦に残り宿直（当直）しています。火災とか緊急の事態に備えるためで、乗員の大半が上陸（外出とは言いません）した後、緊急事態に備える応急隊を編成、防火訓練など緊急対処訓練も行います。

当直員のほとんどが下士官・兵で、士官は通常2名が艦に残っています。応急隊の指揮など、艦長に代わり艦を守るわけですから、その責任は重大です。したがって、「第○士官寝室」という自室で寝るのではなく、士官室（士官の仕事場）のソファで作業服のまま仮眠することになります。

注11）海上自衛隊における数字の呼称は、次のとおりとなります。
　　0；まる　1；ひと　2；ふた　3；さん　4；よん　5；ご
　　6；ろく　7；なな　8；はち（や ということもあります）9；きゅう
　そして、これを基にして24時間の時刻を書いたり、呼称します。
　　午前6時は「0600（まる　ろく　まる　まる）」
　　午後1時15分は「1315（ひと　さん　ひと　ご）」
　となります。簡潔で分かりやすいのではないでしょうか。
　　ちなみに、海上自衛隊は米海軍との共同訓練を頻繁に行いますが、時刻表示・呼称は次のようになります。
　　AM　6：00は「0600（ZERO SIX ZERO ZERO、さらにかっこよく ZERO SIX HUNDRED）
　　PM　13：00は「1300（ONE THREE ZERO ZERO、よりスマートに THIRTEEN HUNDRED）

起床後は体操をし、その後艦内の掃除です。「甲板掃除」といいます。海上自衛隊の艦艇は1日最低2回（朝と夕刻）は掃除をします。

艦を清潔に保つ、すなわち、自分が乗り組んでいる艦を大切にする、ということです。旧日本海軍からの素晴らしい伝統であり、世界のどの海軍よりも海上自衛隊の艦は綺麗だと思います。掃除をすることによって、火災、漏水等異変を未然に防止することも

第3章　艦艇の業務・海上交通を守る　*111*

ありますし、錆などの発生も早期に発見することができるのです。

(2) 日 例 会 報

　甲板掃除が終わると朝食です。6時半過ぎくらいでしょうか。この頃になりますと、上陸していた乗員が三々五々帰艦してきます。午前7時半頃から士官室において艦長はじめ士官総員と先任伍長[注12)] が参加しての会報があります。

　これは、艦長に対して前日の宿直の士官（当直士官。階級は3等海佐または1等海尉）、補佐の士官1名（副直士官。階級は通常2等海尉以下）が艦内の異常の有無と当日実施する諸々の作業、日課の報告に始まり、副長、砲雷長、機関長等各科長を始めとする各士官、先任伍長が所掌業務について報告する朝の重要な会報です。この会報を「日例会報（オペレーション）」と呼んでいます。

注12) 艦の編成は、トップに艦長、そして副長、各科長等の士官、さらに下士官・兵の規律を取り締まる「先任海曹室」（CPO；CHIEF PETTY OFFICER）があり、一般の下士官・兵の乗員となっています。艦長と副長以下士官室のメンバーとCPOがいわゆる経営陣といったところでしょうか。

　　艦長の責任と権限は相当なものですが、「先任伍長」とはCPOの中の親玉（MASTER CHIEF PETTY OFFICER）で、下士官・兵の頂点に立つ下士官です。艦内の規律を維持する重要な責任があり、艦長、副長にも直に意見を述べます。

　　海上自衛隊で実施されているかはわかりませんが、米海軍では艦の当日のスケジュール・日課（PLAN OF THE DAY）には艦長、副長、先任伍長のサインがあったように思います。

　　このように、「先任伍長」とは下士官・兵から見て恐れられる存在であると同時に、憧れの的でもあるわけです。

　　映画「亡国のイージス」にも優秀な「先任伍長」がでてきました。あのイメージを想い浮かべて下さい。

　　私も艦長時代、信頼できる先任伍長に恵まれ、多くの適切な補佐を受けました。士官とは異なる観点からの進言等は指揮官にとって極めて重要です。下士官・兵の状況を真に把握できるのは先任伍長であり、いい部下に出会った幸運を感じていました。

日例会報の内容は、概ね次のようなもので、15分〜20分程度で終わります。

①気象報告

船乗りは「海」を仕事場とするので、天気は非常に気にかかります。特に風向・風速、波の状況など、これには航海中は当然、停泊状態にあっても注意を払っておかなければなりません。まずは、この気象報告なのです。

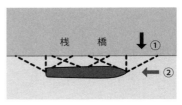

図3-45　艦の桟橋係留時の略図

図3-45は、艦が桟橋に係留（横付け）している時の略図です。点線が艦を桟橋に繋ぎ止めているロープ（舫；もやい）を表しています。この図は向かって右が艦の前側；艦首となっており、艦が前後左右に動かないよう、通常8本の舫を使用します。例えば、風が①の方向から非常に強い場合は、艦が桟橋から離れないよう舫の数ををさらに増やす、一重を二重にするなどの処置をしなければなりません。②からの強風では、艦が後方に下がらないよう舫の数を増やす対策を講じる必要があるのです。このような処置を「増し舫をとる」と言います。

また、桟橋ではなく、錨を入れて停泊することもあります。図

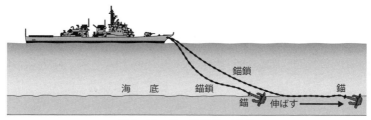

図3-46　艦の投錨時の略図

3-46 はその状況を紹介していますが、風が強くなると錨と艦を繋いでいるチェーン（錨鎖）を伸ばして、チェーンと海底の接触面を大きくして艦の安定を図ります。台風接近の際、よく用いる方法です。

　気象報告は、現在の艦にはほとんど気象専門の下士官（気象員）が乗艦しているので、気象員が TV ニュースにあるような天気図をもって報告することになります。

　②当直報告

　先に述べましたとおり、前日の当直士官が艦内の異常の有無、当日の日課等について報告します。例えば、

「0900（まる　きゅう　まる　まる）から1100（ひと　ひと　まるまる）、燃料搭載を行います。」「1400（ひと　よん　まる　まる）から貯料品30日分を搭載します。」という具合です。ちなみに肉、魚、野菜など生鮮食料品を生糧品と呼び、貯料品とは、米、味噌、醤油、食用油、小麦粉、缶詰など保存期間の長いものを指します。

　③各科長等士官からの報告

　砲雷長、船務長、航海長、機関長、補給長、飛行長の各科長が所掌業務について、当日実施するものもあれば、近日中に行うもの、あるいは、他の科と調整を要するような業務に関する報告を行います。

　例えば、砲雷長は大砲とか魚雷の他に、先に述べたロープ（舫）、錨、甲板のペンキなども担当しますので、

「○月××日、ロープの一部を交換します。作業員は○○名で1時間で終了します。」

「○月××日午前、士官室天井の塗装を実施します。5名で約

2時間の予定です。」のような報告です。

　　④先任伍長からの報告

　下士官・兵の規律維持の状況、健康状態、士官に対する要望等について報告します。

　士官室と下士官・兵のつなぎ役として機能しています。

　　⑤副長からの報告

　艦の No.2 副長がまとめの報告をします。

　26 頁で述べたとおり、副長は艦長の意図・方針を実行に移す重要な役割を担っています。艦で最も忙しい人が副長なのです。

　　⑥艦長示達

　すべての報告が終了すると、艦長が話をします。作業を行う時の安全確保の話であったり、規律の維持に関する話であったりなのですが、様々な事項に関する方針的事項を達するということです。

　部下はこの方針を受け、これを具現化すべく邁進しなければなりません。

日例会報終了後の午前 8 時（0800）自衛艦旗の掲揚です。

　0755「自衛艦旗揚げ方 5 分前」の艦内放送があり、総員（全員）
　　艦の後部側甲板に整列します。自衛艦旗とは自衛艦（護衛艦、
　　輸送艦、潜水艦、掃海艇などの総称）が日本国籍であることを示す旗で、艦の最後部に掲揚されます。

　　　デザインは、旧日本海軍の軍艦旗と同じです。なお、艦の艦先には日本国旗と同一デザインの艦首旗（日章旗）を掲揚します。副長以下乗員は整列を完了し、艦長が後部に来るのを待ちます。

0758頃　艦長が来ると、総員、艦長に対し「お早うございます！」と言いながら敬礼を行います。艦長は「お早う！」と答え、部下の敬礼に答えます（答礼と言います）。

朝の爽やかな時間です。瞬間的に乗員の表情を見るのですが、元気があるか、ないか大体感じることができます。

定刻・0800の10秒前　「10秒前！」の放送に続き、ラッパによる「気を付け」の吹奏。そして、

図3-47　自衛艦旗（航海中）

0800　「時間！（じか〜ん！）」の放送があり、航海科の隊員がラッパで「君が代」を奏でるなか、自衛艦旗が掲揚されます。艦長以下総員、自衛艦旗に対し敬礼を行います。

(3) 作　　業

1) 整 備 作 業

乗員が1〜5各分隊ごとに整列（分隊整列）します。この場で艦における当日午前の日課を達します。分隊整列は副長が取り仕切ります。1〜5分隊の長は、1〜5分隊の順に整列完了を副長に報告します。

「分隊整列」の号令の後「第〇分隊整列完了しました」と報告するところを、「1分隊」「2分隊」…「5分隊」と報告するだけで、整列完了を示します。

自衛隊・軍隊の号令・報告はとにかく簡潔にできています。多

くを話さないでも分かるようにされているのです。

　各分隊からの報告を受け、副長が当日午前の日課等を達します。安全に関する注意事項とかの話もありますし、副長以外に艦全般に関わる事項があれば、それを所掌する士官あるいは CPO が連絡を行います。

　また、艦から転出する者、他艦等から転入した隊員を紹介します。

　艦全般の示達事項が終われば、各分隊ごとに細部の作業割とかについての打ち合わせがその場で行われ、分隊整列が終了、各人はそれぞれの作業を行うべく持ち場につくことになります。

　停泊中の代表的な作業は、次のようなものです。

　艦には、砲、銃、ミサイル、魚雷、ソナー、レーダー、通信機、エンジン、調理器具、医療器具、ヘリコプター関連機材など多くのメンテナンスを必要とする機材があります。これらには、毎日点検する項目、週間点検の項目、月間・四半期・半年・年間点検の項目など乗員が実施しなければならないメンテナンス基準などが規定されています。乗員はこの基準に則ってメンテナンスを行いますが、いざという時に使い物にならなかった、ですまされるものではありません。

　艦長以下乗員は艦の戦闘力を全能発揮させる責任があります。地味ですが、整備作業は極めて重要な作業です。

2) 停 泊 訓 練

　艦の訓練は艦が海上にある航海中だけ実施されるものではありません。乗員個々のスキルを維持・向上させるための個人訓練、チーム（パート）の力を高めるための各チームごとの訓練、そし

第3章　艦艇の業務・海上交通を守る　*117*

て艦全体の戦闘力を向上させる訓練などが行われるのです。航海中でなければできないものもあれば、停泊中においても十分できるものもあります。

　特に個人訓練については、乗員個々のスキルは艦の戦闘力の基盤となりますから、非常に重要です。レーダーのオペレーター、砲を操作する者、発電機の操作員、などなど、一人一人に役割があります。一人のスキルの低下が任務遂行に大きな影響を及ぼすことがあるのです。

　艦全体としては、例えば、次のようなものも停泊中に行うことがあります。戦闘訓練で敵のミサイルを迎え撃つ訓練を簡単にイメージとして紹介します。

　まずは、敵に関する情報の入手です。これは、上級の部隊からの電報、データ放送などで入りますが、これを受信し、敵の所在、当方との位置関係などの分析作業を行います。これは、船務科が所掌します。

　敵の種類を分析することにより、敵の兵器・ミサイルの種類、射程などが分かります。位置と時間により、敵が攻撃を仕掛ける時間と位置関係を判断、警戒のレベルを決定し、警戒重点方向の設定、人員の増強など艦内の迎撃体制を高めていきます。

　敵航空機をレーダーで探知、電波探知装置がミサイルの攻撃準備をうかがわせる敵電波を探知しました。艦内の警戒体制は最高レベルに上げられ、兵器担当の砲雷科は、ミサイル、砲（主砲と機関砲）による迎撃体制をとります。ここに、船務科と砲雷科の科を横断するチームワークが要求されるのです。船務科がレーダーで探知した敵ミサイルを短時間にしかも誤りなく砲雷科チー

ムに引き継がなくてはなりません。

航海科は艦の動きについて艦長を補佐、機関科はエンジンの最高出力発揮、被害があった場合の応急処置準備、補給科・衛生科は戦闘に要する予備品等の準備、艦内での負傷者治療準備、飛行科はヘリコプターの発艦準備、状況によっては、ヘリコプターの格納庫への格納など、受け持ちにしたがって戦闘体制に入ります。

いよいよ敵ミサイルをレーダー探知、迎撃ミサイル用のレーダーがこれを捉え、迎撃ミサイルを発射、迎撃できなければ大砲、機関砲の順に迎え撃ちます。

このように、停泊中であっても訓練を実施します。

そして、停泊中でなければできない訓練もあるのです。それは、実際に火の中、水の中に飛び込むような訓練です。

艦で起きた火災に対処する防火訓練、浸水対処の防水訓練です。海上自衛隊は、この二つの訓練が行える施設を全国に数か所保有しており、実際に火の中に飛び込んでの消火、水が壁から噴き出す中での防水作業の訓練を行います。

防火訓練は、直径10メートル程度のタンクに油が入っていて、これに火をつけます。かなりの勢いで燃える中、下のように消火作業を行うのです。油の火災を水で消します、ホースの先に高速で噴霧できる金具がついていて、これで消火できるのです。ホースの先端を持つ①が一番熱く思えますが実は、この人は水霧でガードされますので涼しいとは言えませんが、最も安全なのです。最も熱

図3-48　防火訓練

い人は②です。相応の装備はしているのですが、眉毛が燃え尽きた、という例もあります。

さらに怖いのは、艦の機関室を模擬した部屋の消火です。コンクリートで作られた部屋の床に鉄製の「すのこ」が敷いてあり、その下に油が溜まっています。これに火をつけますと、もうもうたる煙と火が出ます。その中に消火ホースを持って突入して消火します。息はできない、喉は焼ける、顔は熱い、で相当な試練です。私も数回経験しましたが、怖さはあります。訓練場には専門のインストラクターがいますので死ぬことはありませんが…。

半日程度みっちり訓練します。1回やるとクタクタになりますが、艦が戦闘中で生き延びるためのサバイバルです。おろそかにはできません。Never give up！なのです。

次に防水訓練を紹介します。図3-49は艦内のある部屋を示しています。

図中の破線は海水の線となり、この部屋はほとんど水のラインの下にあることを表しています。敵潜水艦の魚雷攻撃を受けたような場合、このようなところに穴が開き、水圧で海水が勢いよく艦内に入りこんできます。

他の部屋への浸水を食い止める、または、水が入ってきますと艦は速力を上げることができません。速力が出ないということは、戦闘行動に大きな制約となります。

浸水を箱で一時的に食い止め、これに角材をあてがって水をシャットアウ

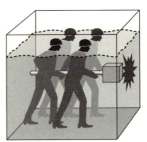

図3-49　防水訓練

トする作業を行うのですが、これがなかなか止まらない……。あろうことか、インストラクターが訓練用水のバルブをさらに開け、ますます水の勢いがつくばかり……、いつのまにか、水は首まで……夏はまだしも、真冬2月の訓練は……という経験をしました。

艦のサバイバルというのは厳しいものです。

3) 訓　育

海上自衛隊の隊員教育として重要なものが「訓育」です。「訓育」とは、広辞苑によりますと「感情と意志とを陶冶して望ましい性格を形成する教育作用」とあり、「躾」または「徳育」と同義に解される場合も多いとされています。

自衛官は特別職国家公務員です。自衛官となるに当たっては、「自衛隊の使命を自覚し、一致団結、厳正な規律を保持し、強い責任感をもつて専心職務の遂行に当たり、事に臨んでは危険を顧みず、身をもつて責務の完遂に務め、もつて国民の負託にこたえる。」旨の宣誓を行います。

この宣誓に自衛官のあるべき姿が凝縮されていますが、このような心構えを維持・向上するため、「訓育」の時間を設けているのです。

艦長が乗員全員に対して直接行うこともありますし、各士官が輪番で実施する、あるいは下士官・兵が5分間の話をする、などがあります。

「自衛官の心構え」とか「組織において個人はいかにあるべきか」とか「責任の遂行」「団結を強化するには？」など堅い項目ですから、これらを身近な話に置き換えるなど、興味を持たせるような手法を駆使するなど、工夫も必要となります。

4) 体　　　育

　自衛官は体が資本です。常に鍛え、いざという時のために備えておかなければなりません。とは言え、冒頭申し上げましたとおり、訓練に継ぐ訓練、海上行動と機器の整備そして休養のバランスはなかなか難しく、艦艇勤務は慢性的な運動不足になっていると言えます。それでも時間を見つけて極力体育を行うようにしており、例えば一気に仕事をこなし、午後３時頃からジョギングなど手軽にできる運動を実施するようにはしています。

　また、球技とか水泳、武道などは艦の中での対抗試合をやるとか、あるいは、複数の艦で編成される護衛隊さらには護衛隊群単位で対抗戦を行い、乗組員の士気を向上させ、艦としての団結を強化するようにもしています。

　以上、停泊中の代表的な日課を紹介しました。

　昼食は正午少し前からなのですが、艦の食事は美味しいです。艦長以下全員メニューは同じです。

　したがって、18歳位の若者から50歳超の熟年まで比較的カロリーの高い食事を摂ることになりますので、特に熟年は食べ過ぎに注意です。

　午後の立ち上がりの午後１時にも整列があり、それぞれの作業に当たります。

　夕刻５時頃、停泊の日課が終了し、当直の者を残し、上陸が許可されます。艦艇勤務は常時、艦に拘束されますので「上陸許可」と言います。「仕事終わり、さあ帰ろう」ではないのです。

第4章 艦 長

第4章は艦艇の長「艦長」の業務・仕事について筆を進めます。

1 艦長への道

艦長になるまでには相応の経験と年月を要します。大卒後の幹部候補生時代、20歳代の初級士官時代をスタートに30歳代の中堅士官時代を経て、おおむね40歳頃に初めて艦長に就任します。

まずは、艦長への道から紹介します。

(1) 幹部候補生時代

防衛大学校卒業者および海上自衛隊幹部候補生学校の入校試験に合格した一般大学卒業者は、4月から翌年3月までの約1年間、海上自衛隊幹部候補生学校において一般幹部候補生として、初級士官になるための教育を受けます。

海上自衛隊幹部候補生学校の所在地は広島県江田島市で、旧日本海軍の海軍兵学校があった所でもあります。「江田島」は海上自衛隊の時代になっても士官にとっては特別な感情が湧く場所で、海上自衛隊の士官の心の故郷とも言えます。

「江田島」について、説明します。

日本における海軍発祥は幕末に遡ります。1855年の江戸幕府が長崎に開設した「海軍伝習所」がその始まりであり、次いで1863年の「海軍操練所」（神戸）開設となります。明治維新後は維新翌年の1869年、東京築地に「海軍兵学寮」が開設され、

日本における海軍士官の養成が本格的にスタートしました。

しかしながら、築地と言えば隣は銀座です。士官の卵たちは夜な夜な出かけてはドンチャン騒ぎをやっていたようです。賑やかな東京では教育に支障があると、「士官教育は僻地において実施すべし」とされ、1888年「江田島」に移転、名称も「海軍兵学校」となりました。僻地との文言があったのは本当のようです。

移転からの5年間は生徒が起居する建物もなく、江田島湾（江田内とも言います）に「東京丸」という船を停泊させ、これを勉学・起居の場としておりました。

1893年、赤レンガ造りの建物が完成し、これが海軍兵学校生徒館となりました。そして、「江田島」の海軍兵学校は、イギリスのダートマス、アメリカのアナポリスと並んで、世界三大兵学校と呼ばれるようになります。

図4-1　江田島全景
正面の山は古鷹山

現在の江田島には、幹部候補生学校と第1術科学校があり、士官教育と艦艇関係の術科教育の場となっています。

幹部候補生の日課は、朝6時（冬季は6時半）の起床から始まります。起床したら速やかに寝具の整頓をして、体操、その後居室等の清掃、朝食後、8時前には課業に備えて整列し、国旗掲揚に臨みます。起き抜けの寝具の整頓は完ぺきを要求はされませんが、見苦しくない程度にしておかなくてはなりません。躾を指導する怖い怖い4期上の先輩がいて、整頓の悪い寝具はマット

ごと庭に放り投げられます。朝の忙しい時に…。

課業は座学だけでなく、短艇（カッター）を漕ぐ訓練、柔道・剣道等の武道、水泳、持久走などの体育会系訓練も多くあります。また、幹部候補生は30人程度の分隊に分けられ、短艇（カッター）競技、武道競技、水泳競技、持久走競技、登山競技（広島県宮島の弥山を駆け上がります）などを分隊対抗で行います。

とにかく一日中時間に追われ、休む暇のない生活を送ります。1年間で、よくもこれだけの立て込んだスケジュールが計画・実施できるものだと、思ったものです。

図4-2　短艇（カッター）競技
(出典：海上自衛隊幹部候補生学校HP)

図4-3　遠泳
約15kmを7時間で隊列を組んで泳ぐ。
(出典：海上自衛隊幹部候補生学校HP)

旧日本海軍時代から受け継がれている「5分前の精神」（イベント等の5分前には動き出せる態勢をとっておくこと）など、時間の有効な使い方も徹底的に叩き込まれます。

士官になれば部下の先頭に立つわけですから、厳しい教育となるのは至極当然のことです。

将来、海上自衛隊の士官として勤務するに当たっての基礎となる事項を、幹部候補生学校の教育において習得するのです。先の「5分前の精神」に加え、以下の2つを紹介します。

これは、旧日本海軍でも教育されてきたことで、海上自衛隊においても、それを引き継いでいるのです。個人的にも海上自衛隊在職中はもちろん、退官後も常に心掛けていることでもあります。

①五省

「五省」は、昭和7年、当時の海軍兵学校校長・松下少将が創始したもので、兵学校生徒自ら日々の行為を反省し、翌日の修養に備えるための5か条の反省文となっています。海上自衛隊となっても、「五省」は特に幹部候補生の修養に引き継がれています。

一 至誠に悖る（もとる）なかりしか

（誠実であったか、人の道に背くところはなかったか）

二 言行に恥づるなかりしか

（発言や行動に、過ちや反省するところはなかったか）

三 気力に欠くるなかりしか

（物事を成し遂げようとする精神力は、十分であったか）

四 努力に憾み（うらみ）なかりしか

（目的を達成するため、惜しみなく努力したか）

五 不精に亘る（わたる）なかりしか

（怠けたり、面倒くさがったりしたことはなかったか）

②スマートで　目先が利いて　几帳面　負けじ魂　これぞ
　船乗り

これも旧日本海軍からの伝統的精神を表現する言葉で、千変万化する海上において勤務する船乗りに必要な心構えを表現したものです。

詳しくは「補章　海上交通安全確保のための Seamanship」で

述べることとします。

③クラス

同時期に幹部候補生学校に入校する者は、その年によって若干の違いはありますが、約 190 名（うち女性は約 15 名）で、このメンバーが同期生（通称「クラス」）となります。幹部候補生学校を卒業し遠洋練習航海終了後は、各自それぞれの職務、任地に分かれます。その中でも「クラス」が連絡を取り合ったり、仕事の相談をしたり、とその絆は維持されていきます。

例えば、仕事のカウンターパートに「クラス」がいれば、少々の困難があっても事は前に進みます。

「クラス」が集っての会合、早く言えばパーティ・宴会は、意見交換をしたり、旧交を温めたりする場となっており、各自、何事にも優先して参加しています。このように、海上自衛隊の同期の絆は極めて強く、成績 1 番の者を「クラスヘッド」として「クラス」は生涯の友となっていきます。

この、「クラス」の絆を大事にすることは、旧日本海軍にもあったもので、海上自衛隊が旧日本海軍の良き伝統を受け継いでいると言える一つの事柄です。

(2) 初級士官時代

さて、江田島における 1 年間の教育の後、幹部候補生は士官・3 等海尉（大学院卒業者は 2 等海尉）に任ぜられます。本人はもとより、卒業式に参列した家族にとっても、何物にも代えがたい喜びを感じる時です。

卒業式終了後、昼食会が催され、新任の士官たちは、つかの間

図4-4 卒業式終了後の行進
(出典:海上自衛隊幹部候補生学校HP)

の家族との懇談を楽しみます。昼食会終了後、学校職員、家族等の見送りを受け、赤レンガ旧生徒館から桟橋に向けて行進していきます(図4-4)。

新任の士官たちは、「表桟橋」[注13]から舟艇に分乗し、見送りの家族、学校職員等に「帽振れ」[注14]をしつつ、江田島湾に停泊している練習艦隊に乗り組みます。新任の士官たちは、練習艦隊乗り組みをもって「実習幹部」という立場となり、江田島出港後は国内の航海実習に続き遠洋練習航海(49頁参照)に従事します。

注13)「表桟橋」 江田島の海上自衛隊施設の出入り口は、陸上県道に面した門と江田島湾に向かう小型舟艇が発着できる桟橋の2か所があります。海を活動の舞台とする海上自衛隊、特に士官養成のメッカたる江田島にあっては、陸上県道に面した門ではなく、海に直接通じる場所を玄関・正門であるとしており、これを「表桟橋」と呼称しています。これは旧日本海軍時代も同様で、海上自衛隊もこれを継承しているのです。

注14)「帽振れ」 艦船の出港等に際しては、制帽を手にもって頭上で振る見送りが行われます。「帽振れ」といい、旧日本海軍からの伝統的なものです。

江田島を練習艦隊が出港した後のエピソードについて紹介します。これは筆者のクラスが江田島を卒業した、その初日の練習艦隊での出来事です。

江田島を意気揚々、しかし、不安だらけで私たちは出港しました。いよいよ娑婆とのお別れです。練習艦隊は、江田島を出て隣の島・倉橋島沖合に錨を入れました。まずは、実習幹部に対するオリエンテーションです。当時の練習艦隊は練習艦「かとり」が旗艦、随伴する艦が護衛艦「きくづき」で、実習幹部はこの2隻に分乗したのです。1970（昭和45）年のことです。

実習幹部は旗艦「かとり」に参集させられました。練習艦隊の指揮官たる練習艦隊司令官の訓示を受けるためです。練習艦隊司令官は海将補（海軍少将）、高官です。高官の訓示というのは現在の国際情勢においていかにあるべきか、などグローバルな話に始まり、実習に対する心構えなどを述べられるのが定番です（不遜な言い方ですが）。

ところが・・・・たった一言！！

「俺が練習艦隊司令官の○○だ！褌を締めなおしてかかってこい！」

痺れました、震えました…。この司令官は旧日本海軍の駆逐艦乗りで、ミッドウエー海戦、ガダルカナル海戦などに参戦しておられます。肝の据わり方が違いました。

当時の練習艦隊司令官とは今でもお会いしています。この時のことを申し上げると、ただニコニコしておられます。

でも、現在は艦の中に女性もいますので、このような訓示はないでしょう。

実習幹部は遠洋練習航海期間中、艦艇勤務に当たっての最低限の技能・知識習得のため、いろいろな訓練を行います。また、先の大戦において散華された英霊追悼の慰霊を行います。「洋上慰霊祭」と言いますが、ミッドウエー海戦、レイテ沖海戦、珊瑚海海戦などがその代表的なもので、日本の将兵だけでなく、その海戦に参戦したアメリカ、イギリス、オランダ等関係国将兵に対する慰霊も行うの

図4-5　パールハーバー入港・戦艦アリゾナに敬礼（出典：海上自衛隊HP）

図4-6　防火訓練
（出典：海上自衛隊HP）

図4-7　艦から艦へ人員移載・ハイライン訓練
（出典：海上自衛隊HP）

です。

さて、遠洋練習航海終了前、実習幹部に対し、帰国後の艦艇、潜水艦、航空機などの職種、配置等が言い渡されます。職務については、海上自衛隊の人的要求、本人の希望と適正が勘案さ

図4-8 洋上慰霊祭・練習艦隊司令官慰霊の言葉（出典：海上自衛隊HP）

れたものとなります。どの世界においても同様だと思いますが、希望が叶う者もあれば、そうでない者もいるわけで、悲喜こもごもの光景が見られます。しかしながら、ゴネ得が許されるわけでもなく、それぞれの任地において全力を尽くすことになるのです。

私は艦艇勤務熱望で希望が叶いましたが、初めて一人での艦艇勤務となり、その時の不安は相当なものではありました。

幹部候補生は士官の卵、実習幹部は士官のヒヨコ、そのヒヨコがやっと一人で歩き始めたところですから。

私が最初に乗り組んだ艦は、呉港から四国沖を経由して佐世保港に向かうことになっていました。乗り組んだ翌日に呉港を出港しました。瀬戸内海は交通量の多いところです。艦長の命を受け艦の運航に当たる士官は当直士官で、私はその補佐の副直士官に当たります。艦内日課のコントロールをしつつ、少なくとも5分間に1回は艦の位置を確認しなくてはなりません。艦が計画どおりの航路を進んでいるか、危険なところに向かっていないか、を確認する必要があるからです。今までやってきた実習とは違います。実務なのです。

艦の位置を測定する最もポピュラーな方法は「交叉方位法」と呼ばれ、灯台、灯標、顕著な建造物などの方位をコンパスで測定します。通常、3点による方位を測定、これを海図に記入すると

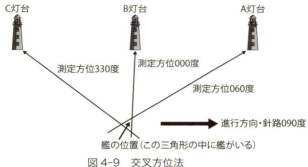

図 4-9　交叉方位法

交点ができ、これを艦の位置とします。方位測定には艦が航走しているので若干の時間差があり、かつ、測定には誤差も生じますので、交点というよりも三角形となります。この三角形が小さければ小さいほど、艦の位

図 4-10　コンパスで灯台等の方位を測定

置は正確に測定された、ということになります（図 4-9）。

　恥ずかしながら、私は豊後水道を南下するまで、ただの1回も艦の位置を測定できませんでした。実習と実務の違いを思い知らされた寂しいデビュー戦でした。

　「士官室」と呼ばれる艦長はじめ士官たちが集う部屋の中で、その最も末席に位置し、小さくなっていました。実務経験はない、

大丈夫かな～と暗澹たる思いでした。さらに 20 人程度の部下がおり、これがほとんど年上、中には父親と同年代の隊員も…。

侘しい記憶が甦ります。

余談となりますが、士官室での食事について説明します。

士官室の食事の席は、図 4-11 のとおりで、士官の数が艦長以下 17 名の例です。

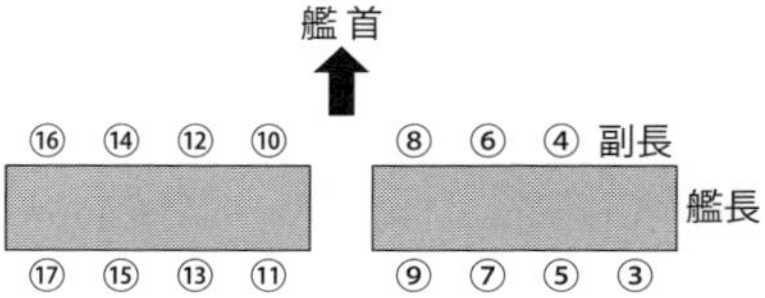

艦長が最上席、次いで艦長の右側に NR2 の副長、以下③〜⑰と交互に着席します。③等の順序は海上自衛隊の幹部名簿（士官名簿とは言わない）に則っており、これを序列と呼んでいます。序列というのは厳しいもので、先輩より後輩が高い序列にあることはよくあることです。この場合、たとえ先輩であっても後輩より序列が下であれば、下位の席次にもなりますし、後輩に対し敬礼をしなくてはなりません。

図 4-11　士官室：食事の席の配置図

士官室での食事は、その時の訓練、任務の状況等にもよりますが、艦が停泊中であれば比較的時間に余裕があり、皆で一緒に食事をとることになります。この時は、序列が下の者から順次席につき、副長以下が着席したところで係の兵が艦長に「食事用意宜しい」と届け、艦長が着席し、艦長が箸をとったところから食事が始まります。艦長より先に食事を始めることは厳禁なのです。どうでもいいことかもしれませんが、艦長を大切にする、ということの一つの現れでもあります。ちなみに、副長以下の食器はプラスチックの型押しされたおかず入れプレートですが、艦長用の食器は、それなりの陶器製で、湯飲み、箸、お櫃も専用のものと

第4章 艦　　長　　133

なっています。

　それぞれの盛り付けも立派です。笑い話ですが、リンゴなどは一般の士官は1個かじりつきですが、艦長のものは、いわゆる「ウサギの耳」カットです。「たまには、1個かじりつきたいな〜」と思ったこともあります。

　閑話休題。初級士官時代は、「船務長」などの科長の補佐を行いながら仕事を覚え、部下指導を徐々に身に着ける時代で、船乗りとしての基礎を作り上げる時期と言えます。毎日が忙しく、特に航海中にあっては、昼間は訓練に次ぐ訓練、その間にそそくさと食事を済ませ、夜間は自分の受け持ちの当直勤務、2日に1日は夜間訓練で徹夜、さらには、訓練終了後の研究会等の資料の準備など寝る暇もない勤務が続きます。「負けてたまるか」「馬鹿にされてたまるか」の気概が少しづつ身につく時代だったように思います。

　科長の補佐も大切な任務です。科長から殴られることはありませんが、強烈な鞭によって鍛えられました。現在ならば、パワハラ、セクハラ事案かもしれません。

　しかしながら、徹底的に鍛えられると人は強くなる、と私は思っています。鞭には、部下を鍛えて真の船乗りに育て上げるという責任と愛情があるからです。また、部下も実務経験のない初級士官をよく支えてくれました。23〜24歳の初級士官を、上と下から、よってたかって、という感じでした。振り返ればありがたいことで、士官として常に前を向いて、という心構えが徐々に備わったと感じています。

　初級士官時代は、艦全体の業務を満遍なく経験するために、砲

雷関係の砲術士、船務関係の船務士、機関関係の機関士等、と3種の勤務を経験するのが標準となっています。この教育課程は「任務課程」と言われ、3つの異なる技能分野の教育を受けることから、通称スリーローテーションとも言われています。

　砲雷、船務関係は江田島の第1術科学校、機関関係は横須賀の第2術科学校において初級の教育を受け、艦に乗り組みます。1年〜1年半で乗り組む艦が変わり、それぞれの艦艇の母港（横須賀、呉、佐世保、舞鶴、大湊など）にての勤務となるので、佐世保—大湊、大湊—横須賀など転勤・引っ越しもあるのです。転勤・引っ越しで乗り組む艦が変われば、上司も部下も一変します。前に乗り組んだ艦との雰囲気の違いもあり、馴染むまでは緊張します。

　この状態が、1年〜1年半の間隔で訪れますので断続的に緊張が続くのですが、いろいろな上司からの指導、多くの部下からの親身な補佐を受けたこと、また、異なる任地での勤務が後年、艦長に就任した時に生かされていくのです。

　余談ですが、私は職務の転換が25回、引っ越し15回、ついでに単身赴任は17年間でした。職務の転換および引っ越しの回数は艦艇職にあっては平均的な数字だと思います。

(3) 中堅士官時代

　先に述べました「任務課程（スリーローテーション）」が終わる28〜29歳になりますと、「中級課程」という教育課程に入校し、中堅士官、艦艇勤務における砲雷長、船務長、機関長等、科長として勤務するための教育を受けます。

第4章 艦　　　長　　135

　「任務課程」の教育期間は約1か月半と短期間の技能教育です
が、「中級課程」は1年間と長期にわたり、専門的な技能教育（大
砲、ミサイル、レーダー、エンジンなど）の他に将来の指揮官、
幕僚として必要な一般素養を学びます。この一般素養の教育は艦
艇、潜水艦、航空機などすべての職域に共通のものです。

　幹部候補生学校を卒業してから約5年間のうちに「任務課程」
と「中級課程」、合計4回の教育を受けることになります。

　「中級課程」を終了すると、艦艇の科長、艦艇部隊の幕僚など
に配置され、中堅士官への道を踏み出します。科長になると、専
門分野はもちろん、他の科長と横の連絡を密にして、艦務全般に
関し、艦長に対する直接補佐を行うことになります。

　初級士官時代と比べ、部下の数も増え、人事管理等内務面の業
務に対する責任も重くなっていき、仕事量も格段に増加していき
ます。

　艦に乗り組み、数か月経ちますと、それなりに仕事に対する自
信もつき、また、艦を動かす術も身についてきます。「俺は船乗
りになった！」と思うのもこの頃です。とは言え、実際はまだ青
二才で、艦長に対しても直言するなど、生意気盛りの頃を過ごし
たように記憶しています。ただ、海上自衛隊の良いところは、若
い者でも自由闊達に意見が言える、そして、意見を闘わせたあと
の結論には従い、以後は目標達成に向けて全力を傾注する、とい
うことです。

　私の中堅士官時代は、自衛隊はまだ「"整備と訓練"の時代」で、
ひたすら訓練に明け暮れていました。「第3章　艦艇の業務」の
中で、各種訓練について述べていますが、このうちの「対潜水艦

戦」訓練、「対空戦」訓練、「対水上戦」訓練の３つの各種戦訓練は、最も重要な戦術訓練として、その技量を磨いていたと自負しています。

大砲、ミサイルの射撃訓練、魚雷の発射訓練など「弾を撃つ」訓練にも全力を注ぎましたし、艦同士の術科に関するスキルを争う対抗競技、艦のスキルを上級指揮官が検する訓練検閲でも、すべての艦が艦と艦長の名誉をかけて「あの艦（フネ）に負けるものか」の思いで取り組みました。

これらの努力が、現在の海上自衛隊艦艇の実力の基盤になっていると考えていますし、私と同時代を過ごした方も同じ思いでしょう。

中堅士官時代に経験する職務は艦艇だけではありません。一つの艦での勤務は長くとも２年程度で、次には他の艦での勤務もあれば陸上部隊に配置されることもあります。艦艇勤務だけでは、予算のこと、他の分野の仕事のことなどの細部はわかりません。海上自衛隊の施策を担当する海上幕僚監部、自衛隊の統合運用を司る統合幕僚監部などの中央勤務、地域の防衛・警備を担当する地方隊・地方総監部での勤務もあるのです。

また、「中級課程」以後の教育については、おおむね35歳頃、選抜試験を受けて入校する「指揮幕僚課程」や「専攻科課程」があります。「指揮幕僚課程」は上級の指揮官やそれを支える幕僚として必要な知識技能を習得するためにすべての職域に共通のもので、「専攻科課程」では技能別の研究等を行います。また、40歳頃には、さらに上級の指揮官および統合運用に関する知識技能を習得する。海上自衛隊幹部学校「幹部高級課程」および統合幕

僚学校「統合高級課程」への入校の道があります。このように、中堅士官時代は海上自衛隊の様々なことを体得し、将来の勤務に有用な経験を積んでいく時代であり、艦長への登竜門といったところでしょう。

2　そして、艦長　―初めてわかる艦長の椅子の座り心地―

　私は40歳で初めて艦長に就任しました。海上自衛隊入隊から約18年の歳月を要したことになります。

　艦長とは何か？これは艦長を経験したものでなくてはわかりません。科長として艦長の身近にいて、適切に艦長を補佐し、「俺は艦長の気持ちがよくわかる」などと思っていても、己が艦長に就任すると、艦長の気持ちがまったくわかっていなかったことに思いが至るのです。少なくとも私はそうでした。「艦長の気持ちは、艦長にならないとわからない」ということが艦長に就任した時に、初めてわかるのではないかと思います。

　「艦長の気持ち」に関する、身近な例を紹介します。

　艦艇の一般公開や体験航海で艦橋でご覧になった方は気付かれたと思いますが、艦橋で腰かけることのできる椅子は2個しかありません。（小さな椅子がないわけではありません。休息できる椅子ということです。）

　右舷側の椅子が艦長専用、左舷側が上級の指揮官用となっています。左舷側の椅子は、通常、直近上位の指揮官用ですが、さらに上位の指揮官が同時に乗艦する場合は、その指揮官が着席します。直近上位の指揮官用の椅子はない、ということになります。

　艦長は1艦の長です。責任はすべて艦長にあります。このこ

図 4-12　東チモール PKO の時のスナップ
筆者（左奥）が腰かけているのが輸送艦「おおすみ」の艦橋左舷側にある隊司令用の椅子。この反対側・立っている士官の右側に同様の艦長専用の椅子があります。

とから、他の指揮官等に明け渡すことのない艦長専用の椅子があるのです。

「艦長は専用の椅子があって楽だよな〜」と、見学にこられた方は思われるかもしれません。科長であった私でさえ、艦長になるまで「艦長は腰かけて楽だよな〜」と思っていました。

ところが、艦長を拝命して初めて感じたのですが、艦長専用の椅子、これほど座り心地の良いような、悪いようなものはありません。楽どころか、自分の号令で艦を扱う・操艦すること、自分の上に責任をとる人がいない、乗組員の命と艦という国有財産を預かることの責任をひしひしと感じるのが、艦長専用の椅子に初めて腰かけた時なのです。

数隻の艦長を歴任していくうちに、この座り心地は少し快適なものとなっていきましたが、心の中では責任の重さを痛感し続け

第4章 艦　　長　　*139*

ていました。

　腰かけて初めてわかる艦長の気持ちを、「艦長の椅子」が私に
教えてくれた、艦長勤務のスタートでした。

3　艦　　長

　艦長はいつも何をやってるんだろうか？艦長の業務・仕事は？
これを今から述べていきます。

(1)　自衛艦乗員服務規則

　海上自衛隊には、自衛艦に乗り組む艦長以下各乗員の服務の本
旨等が規定されている「自衛艦乗員服務規則」があります。

　艦長の項は、第2章にあり、以下は抜粋・服務の本旨です。

　　「第2章　艦　　長

　　　第1節　通則

　　　（服務の本旨）

　　　　第3条　艦長は、1艦の首脳である。艦長は、法令等

　　　　　　　の定めるところにより、上級指揮官の命に従い、

　　　　　　　副長以下乗員を指揮統率し、艦務全般を統括し、

　　　　　　　忠実にその職務を全うしなければならない。　　」

　艦長の職務遂行は、まず、己が1艦の首脳として、相当の責
任を負っていることを自覚することから始まります。艦長は艦の
トップです。部下の先頭に立って任務を完遂することが艦長の究
極の仕事ですが、このため、明確な指揮に加え、的確に乗員を統
率することが必須である、としています。

　艦長には指揮能力は当然、部下の命を一身で預かる身として、

部下の心をわしづかみにする統率力が要求されるのです。統率力の修養は、士官たる者のライフワークと言えるでしょう。

個人的には、己が預かっている艦を一つにまとめ上げ、任務完遂に向け「○○一家」的な集団を作り上げることが必要で、「自衛艦乗員服務規則」に規定される服務の本旨を遵守することが艦長勤務の原点だと考えています。

(2) 艦長の権限と責任

艦の任務遂行等に係る意思決定には、艦長自ら方針等を示すトップダウンと、部下からの進言等を受けてのボトムアップがあります。海上自衛隊では、部下教育の観点から、できるだけボトムアップとしています。「艦長、このようにします」と、部下が意思表示・進言するのを待ち、艦長はこれを承認する、というやり方をとります。時間的猶予がないときなど、トップダウンとするのは、言うまでもありません。

いずれにおいても、最終決定は艦長が下すこととなります。艦長は艦における唯一無二の意思決定権者であるからです。艦長は強大な権限を持っていますが、重要なことは、この権限をはるかに凌駕する責任を負っている、ということです。特に有事においては、1艦の運命を左右するような決定をも下すことにもなります。

「権限の行使」以前に「責任の遂行」が艦長には要求されるのです。艦長として肝に銘じておくべきことです。

艦長の「責任の遂行」に関して、さらに言いますと、「1艦の責任はすべて艦長にあり！」ということです。艦長は、この言葉

第4章 艦　　長　　*141*

を常に念頭において、いつ、いかなる任務を付与されても、これに即応する「真に役に立つ強い艦を作る」ことを目標として、艦の先頭に立っているのです。

(3) 艦長の業務・仕事の具体例

　艦長の業務・仕事は艦で行われるすべてのことを決定することですが、なかなか分かりづらい点もあります。艦長の業務・仕事の具体的な例5つを紹介しましょう。

　　①出入港時の操艦

　出港は「静から動」、入港は「動から静」と、艦の状態が大きく変化する場面です。したがって、出入港時は、乗組員総員が配置につき、艦長自らが号令を発し、言わばベストメンバーで艦を動かすことを基本としています。

　出入港時の操艦は艦長の腕の見せ所で、「流石！」と思わせる艦長もいれば、たまにですが、「ん？」と思うような操艦が見られるのも確かです。昔は、下手なことをやっていると、上級指揮官から皮肉めいた叱責が飛んできました。「何をやってるのか？」「どうかしたのか？」など…。

　なお、部下教育の観点から、科長に操艦を任せることもありますが、たまに艦長より上手なこともあります。

　　②航海計画

　艦が行動するに当たっては航海計画の作成が必須です。海図に予定航路を書き入れ、針路を変更する航路交差点の通過時刻、各航程における速力（進出速力；Speed of Advance, SOA）等の案を航海長が作成します（SOAとは使用する速力ではなく、あ

る点からある点に至る航程を時間で除したものと考えて下さい)。

　艦長は、航海長作成の案が、「危険な浅瀬、ブイなどを安全に
かわすようになっているか」「SOAに無理はないか」などをチェッ
クして決裁します。綿密な航海計画は安全な航海に必須のものな
のです。

　　③針路、速力の変換

　針路、速力の変換は艦長の令によります。ある艦とのランデ
ブーポイントが変更となった、XX点の通過時刻が早まった、潮
流の影響により速力を上げる必要があるなど針路、速力を変換し
なければならないことがあります。針路、速力の変換は任務行動
中は特に重要なことなのです。

　艦長の令によると言いましたが、通常は、艦長から操艦を委任
された当直士官が判断し、艦長に針路、速力変換の許可を求め、
これを艦長が承認します。

　　④砲の発砲命令、魚雷の発射命令

　発砲、発射は艦長の命令によります。敵の艦艇等に水上射撃を
行う場合、「撃ち方始め」の艦長の命令があって初めて発砲する
のです。艦長の命令なくして弾が出ることがあってはなりませ
ん。有事は当然ですが、有事・平時の中間のグレーな状況では、
本格的な紛争に発展することもあり、なおさらのことです。命令
権者は艦長ただ一人なのです。

　　⑤避航

　海上における衝突予防は、海上衝突予防法に則ることは周知の
とおりです。

　艦長は避航に関するポリシーを命令簿（艦橋命令簿）に記載、

これを各士官に徹底させなければなりません。他の船舶との安全距離を昼間2,000メートル夜間は3,000メートルとし、この距離内に入ってくるようであれば報告せよ、等の記述がその一例です。

艦長は、十分余裕のある時期に避航のための処置を取ることを徹底しなければなりません。

4　艦長勤務余話

私の艦長勤務の折の様々なことを艦長勤務余話として、紹介します。

私は、幸運なことに6隻の艦長職を経験しました。護衛艦「ちとせ」、護衛艦「しまゆき」、護衛艦「はたかぜ」、護衛艦「はるな」、練習艦「かしま」および輸送艦「おおすみ」で、このうち、護衛艦「ちとせ」と護衛艦「はるな」は退役し、護衛艦「しまゆき」は練習艦に種別変更、輸送艦「おおすみ」は2018（平成30）年3月で艦齢が20年となりました。

紹介するのは、練習艦かしま艦長および輸送艦おおすみ艦長として勤務した時のことです。練習艦かしま艦長時代の体験談は、第3章記述の「遠洋練習航海」とは異なる体験談を紹介します。

輸送艦「おおすみ」の体験談は、私が初代艦長であったこと、そして、輸送艦「おおすみ」が従来と異なる装備を持つ海上自衛隊始まって以来の大型艦であったので、あえて紹介します。

（1）練習艦かしま艦長（平成8年度遠洋練習航海）

かしま艦長として参加した平成8年度遠洋練習航海（08遠航）

のコースは図4-13のとおりで、しまゆき艦長で参加した昭和63年度遠洋練習航海とほぼ同じコースで、大東亜戦争において多くの海戦が行われた海域でもあります。

練習艦隊は海戦が行われた海域で洋上慰霊祭を行うのを常としています。08遠航では、レイテ沖海戦、バタビヤ沖海戦、珊瑚海海戦などで散華された日本・アメリカ・イギリス・オランダの将兵を追悼しました。訪問した各地においても、日本人墓地、その国の無名戦士の墓等において慰霊の行事を行いました。例年に

図4-13　平成8年度遠洋練習航海の概要（実績）

第4章 艦　　長　　145

図4-14　サイパン沖洋上慰霊祭

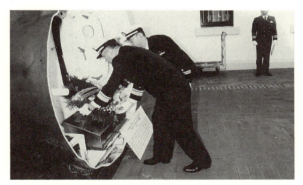

図4-15　旧日本海軍特殊潜航艇記念碑に献花する練習艦
　　　　隊司令官（オーストラリア・シドニー）

旧日本海軍の特殊潜航艇3隻がシドニーに潜入、停泊中の連合軍艦艇を攻撃し、連合軍側の19名が戦死、特殊潜航艇は沈没または自爆しました。オーストラリア海軍は特殊潜航艇の戦死した乗組員のために海軍葬を行いました。海上自衛隊の練習艦隊はシドニーに寄港する際は特殊潜航艇記念碑に対し、追悼の誠を捧げるのが常となっています。

なく多くの慰霊行事があったため、この時の艦隊は「墓参り艦隊」との異名をとります。

洋上慰霊祭（サイパン沖）、音楽隊員のトランペットソロによる「群青」吹奏のなか練習艦隊司令官が追悼の言葉を述べます。

遠航は約150日間の長丁場です。いろいろなことが起きます。「Fourteen Knots KASHIMA」（53頁参照）で紹介した装備のトラブルに始まり、メンタルに支障が出る者、怪我、病気など人的トラブルをクリアしつつ航海を続けていきます。

08遠航では、航海中に艦内（かしま医務室）で盲腸手術を行いました。

訓練ばかりでは息が詰まります。航海中は適宜の時期に航行しながら、一切の訓練を実施せず、休養日課をとり、心身のリフレッシュを図ります。艦内演芸大会、運動会などですが、赤道を通過する際は赤道祭を行って祝います。

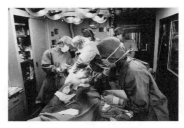
図4-16　盲腸手術

また、長期の航海のため、どうしても運動不足になります。「艦

図4-17　赤道祭

図4-18　艦上体育

第 4 章 艦　　長　　*147*

上体育」と称して毎日約 1 時間、ランニング、筋トレ、エアロ
ビクスなどで汗を流します。

　08 遠航中での航海に関連する体験・教訓等を以下、4 件紹介
します。

1）タイ王国バンコク入港

　バンコクは、昭和 63 年度遠航の際にしまゆき艦長として寄港
していたので、2 回目の訪問となりました。昭和 63 年度遠航に
おいてはチャオプラヤ川の流速等の関連から「しまゆき」の入港
時刻は薄暮から夜間になりましたが、先に入港中の僚艦が川の流
れに押され岸壁横付け中の貨物船に接触するというアクシデント
が起きました。その当時の川の流速は 3 ノット程度、海から川
上へ、また、岸壁に寄せての流れ、であったと記憶しています。

　幸いにも私は難を逃れ、「かとり」の外側になんとか無事に横
付けすることができましたが、最初の舫をとってから係留完了ま
でエンジンを約 20 分間「前進最微速」（2～3 ノット）で使用し
続ける、といったものでした。

　バンコク入港に当たっては、チャオプラヤ川を遡上する際も、
水は濁り、浅いのか深いのかもわからない、たった 200 メート
ル程度の航路幅でバンコクから外海に出る船舶と正横距離約 30
メートル、相対速力 30 ノットでの反航と、気持ちのよいもので
はありませんが、腹をくくってパイロットに艦を委ねざるを得な
かったのです。さらに、横付けにおいては狭隘な場所での操艦を
しなくてはならず、まったく気を緩めることができませんでした。
「しまゆき」においてのバンコク入港が事故なく行われたのは、
幸運でした。

このような経験がありましたので、かしま艦長でのバンコク入港はさほどの不安はありませんでしたが、岸壁横付けの最終段階、川下に艦首を向けるため180度その場回頭（定点で回る、言わば回れ右）を行っていたところ、小型漁船が「かしま」艦尾に向かってくるではありませんか！避けることもできず、そのまま回り続けましたが、漁船は艦尾に接触、しかも何事もなかったように過ぎ去っていきました。馬鹿野郎…！

　外国の港ではいろいろなことが起きます。特に河川航行においては、パイロットに艦を任せざるを得ないところもあり、胃の痛むような思いです。

　河川航行といえば、平成11年度遠航部隊はベトナム・ホーチミン港を訪問しました。

　ホーチミン港外から川を遡上すること、また、海上自衛隊艦艇のホーチミン初寄港ということで、私が現地の事前調査を命ぜられました。ホーチミン港外から日本郵船の船に乗船、約5時間かけて川を航行したのですが、この川はチャオプラヤ川よりは少し可航幅が広いものの、やはり水は濁り、浅いのか、深いのかは分からない、というものでした。

　パイロットに艦を委ねる、と話しましたが、それでも艦長は当然艦橋に在り指揮を執ります。ところが、この時の船長は港外錨地を出港しますと、なんと艦橋から降りてしまったのです。船長が再び艦橋に上がったのは入港直前で、狭隘な川を航行する際はパイロットと当直航海士と操舵手だけでした。見張り員もいません。

　河川航行はこんなものなのかもしれません。艦長たりとも一切

第4章 艦　　長　　*149*

口が出せるような状況にはありませんし、ひたすら艦橋の静粛に
努める、といったところでしょうか。

2）オーストラリア連邦アデレードでのこと

　オーストラリアでの寄港地はシドニー、メルボルンおよびアデ
レードでした。メルボルン、アデレードは狭い水道を航行します。
特にアデレードは狭隘で、横付けの際はピンポイントでの180
度その場回頭を要求されます。横付けに当たり、パイロットと打
ち合わせをしますが、艦長から入港時の操艦要領腹案を示し、タ
グボートの使用については艦長の指示またはパイロットの進言に
よることとしました。

　回頭ポイント、タグボートの使用要領等すべてパイロットと認
識が一致し、整然とした入港ができました。パイロットとの意思
の疎通、極めて重要なことです。

　もう一つ。私は海自在職中海外行動を4回経験しました。荒
海と呼ばれるタスマン海は2回航行しましたが、荒天というほ
どではなく、後年東チモール派遣海上輸送に従事した時もそうで
した。したがって、海外行動における荒天航行の教訓を持ち合わ
せておりませんが、アデレードにおいては停泊時の荒天を経験し
ました。

　強烈な低気圧の襲来で、岸壁付近の風速は斜め艦尾からの20
メートル／秒が予想されていました。随伴艦「さわゆき」艦長と
も相談し、両艦とも増し舫等（通常の係留用ロープに加え、さら
にロープをとって艦を固める）の処置をとり、私から荒天準備完
了をホテルにて休息中の司令官に報告しました。これは、司令部
幕僚が報告することが常ですが、練習艦隊NO.2である旗艦艦長

から司令官へ直接報告することが最適、と判断したからでした。

私は、はるな艦長においても第3護衛隊群の旗艦艦長として勤務しましたが、旗艦艦長は一艦の艦長としての任務に加え、旗艦業務の完遂が要求されると思うのです。旗艦艦長は、個艦の艦長であるとともに司令官の幕僚 NO.1 でなくてはなりません。退官後も当時の司令官とお会いしていますが、アデレードにおける荒天準備については未だに話題にのぼります。

3) パプアニューギニア独立国ポートモレスビーでのこと

インドネシアからパプアニューギニア・ポートモレスビーへは航海の難所と言われるトレス海峡を長時間航行します。商船にはパイロットが乗船しますが軍艦は航海能力が優れていることから、パイロットの乗艦はありません。ところどころに座礁した商船の残骸があるのですが、これを横目に見つつ 15 ノット程度で航行します。

旧日本海軍駆逐艦部隊は暗夜、高速でこの海峡を航行したはずです。レーダーの装備があるわけでなく、その航海能力の高さに感服します。

外海からポートモレスビー港内へは、トランシット（2つ、またはそれ以上の顕著な灯台等を設置し、これが重なって見えるとコースに乗っている）に向かって、かなりの遠距離から直進で安全に進入できま

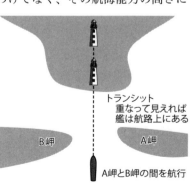

図 4-19　トランシットのイメージ図

すが、出入り口は決して広くありませんし、航路ブイも整備されていませんでした。

　入港は不安を感じませんが、港内から外海に出る際は艦首方向に目標がありません。狭いとはいえ出口を安全に航過する自信はありましたが、念には念を入れて、後部甲板に士官1名を配置、入港時のトランシットを確認させ、航路からの左右のずれを逐一報告させました。出港前にリハーサルを行って報告要領、通信連絡等を確立したのは言うまでもありません。

　「ここまでやるか」と言われるかもしれませんが、不安全要素は徹底的に潰しておく「いい意味での臆病」は、特に外地にあっては必要なことだと思います。

4）米海軍太平洋艦隊司令官の講話

　練習艦隊は遠洋練習航海の際、例年パールハーバー（真珠湾）を訪問します。

　パールハーバーは米海軍太平洋艦隊の本拠地で、巨大な海軍基地です。実習幹部は各訪問地で、日本の大使や訪問国のVIPの講話を聴講します。練習艦隊司令官、艦長も同席します。印象に残った講話を紹介します。

　太平洋艦隊司令官は、海上自衛隊の将来を担う初級士官に対し、期待を込めて話をされました。海軍は若い人を大事にする、とよく言われます。多忙な海軍大将が約1時間という時間を割いてくださるのです。これだけでも、初級士官に対する期待の大きさがうかがえます。講話の中で印象に残ったのは以下の2点です。

① Working Hard

　軍人は公僕です。国民のために働かなくてはなりません。読ん

で字のごとく、とにかく働け、働け、ということです。後年、私は米海軍艦艇の研修で、とある艦に2泊3日乗艦しました。主として若い士官の動きをみていましたが、この人たちはいつ寝るのだろう？と思うほど働いていました。米海軍の強さを感じたものです。

　②部下より先にメシを食うな

士官たる者、部下を大切にすることが第一である。この思いが指揮統率の第一歩とのことと理解しました。

以上2点は、私が海上自衛隊を退官するまで心に残った言葉でした。

(2) 輸送艦「おおすみ」艦長

1) 初代艦長の重み

08 遠航終了後の 1996（平成 8）年 11 月、輸送艦「おおすみ」が三井造船（株）玉野事業所（岡山県玉野市）において進水しました。

①久間防衛庁長官（当時）が「本艦を輸送艦『おおすみ』と命名する」と宣言します。　②長官が艦の乗った船台と陸上を繋いでいる支綱を切断します。

図 4-20　輸送艦「おおすみ」命名・進水式

第4章 艦　　長　　153

図4-21　輸送艦「おおすみ」命名・進水式
艦首のくすだまが割れ、艦が海上へと滑っていき命名・進水式は終了です。

　私は、輸送艦「おおすみ」の進水と同日付で「おおすみ」艤装員長を命ぜられ、1998年3月の同艦就役に至るまで玉野事業所艤装員事務所において勤務することとなります。

　私は何回か、進水式、竣工の際の引き渡し式・自衛艦旗授与式に参列しました。幼稚園に通う子供たちが、日の丸の小旗を振りながら見学しています。いい社会勉強だと思います。

　いずれにしても、艦の誕生に立ち会えるということは素晴らしいことです。

　艦艇の艤装（ぎそう）というのは、進水時はほとんど船体だけであったもの、いわゆるドンガラに砲とかレーダー、あるいはベッド、ロッカー、調理器具などを装備していくことです。

　艦の建造は造船所が行います。その監督には、防衛庁（2007年1月より防衛省）の艦艇等装備品調達サイドが当たります。

艦の側で艤装に従事するのが艤装員であり、その長が艤装員長です。建造に当たっての様々な改善意見等を、艦を運用する、使うという立場から述べていき、艤装員は艦の建造が竣工し就役しますと、そのまま初代乗組員となります。艤装員長は初代艦長になるのです。

艦長の責任については先に述べましたが、初代、かつ、その艦級の1番艦というのは重みが違います。古くから、艦の雰囲気等は初代乗組員、なかんずく初代艦長で決まる、と言われています。初代というのは誇りもありますが、それ以上に大きな責任を持っていると言えます。

特に、輸送艦「おおすみ」については、人員、物資等を揚搭作業（陸上げと搭載）する際、海岸に乗り揚げる従来の輸送艦と異なり、沖合からLCAC*を使用して人員等の輸送を行う海上自衛隊としては画期的な艦種であり、LCACの運用、整備などの研究も実施しつつの艤装でした。

＊LCAC：第3章艦艇の業務　1航海中　(1) 実任務　東チモール交際平和協力業務参照

2) 輸送艦「おおすみ」の特殊性

輸送艦「おおすみ」は、全通甲板で艦橋が右舷に偏位していることから、空母だとか、強襲揚陸艦ではないか、海上自衛隊は攻撃的艦艇を保有するのか、とか内外の報道はかまびすしいものがありました。建造に当たる造船所の方々も、ピリピリした雰囲気でした。

11年後、この艦型と同様の護衛艦「ひゅうが」が就役、その後護衛艦「いせ」さらに護衛艦「いずも」、護衛艦「かが」と続

きましたが、輸送艦「おおすみ」ほど騒がれなかったと感じています。東日本大震災における自衛隊の活動が大いに評価されるとともに、東アジアの情勢によるものと考えています。

LCACについては、米国製のものを輸入して、これを「おおすみ」に2隻搭載することになっていました。LCACの操縦等に当たる3名／1隻のクルー2チームは、アメリカ西海岸の米海軍基地において約1年間教育を受けたのち、「おおすみ」就役直前に「おおすみ」に乗り組みました。

私も、1997年の約3週間、アメリカに赴きLCACの基礎を学ぶとともに、教育中のクルーの訓練を視察しました。教育に使用される言語は当然、英語。クルーはヘルメットをかぶりますが、右側のヘッドセットはLCAC内の交信（指導に当たる教官との交信もあり）、左側は陸上基地との交信、これがすべて英語ですから、並大抵の苦労ではありません。教育にはクルーとして下士

図4-22　自衛艦旗授与

図 4-23　乗組員乗艦
艦長は最後に乗艦します。

官が、LCAC それぞれの指揮官（艇指揮）として士官 1 名ずつが参加していました。

　私の研修終了直前、教育中のクルー操縦の LCAC に乗る機会がありました。米海軍からの評価は OUTSTANDING でした。米海軍はリップサービスはしません。

　よくぞ、ここまでがんばってくれた、との思いで帰国の途につきました。

　約 1 年 4 か月の艤装終了後、輸送艦「おおすみ」は 1998 年 3 月 11 日、就役しました。防衛政務次官から自衛艦旗を拝受し、乗組員が乗艦、最後に艦長たる私が乗艦して自衛艦旗を掲揚した時は感無量でした。

3) 余話：艦内神社と記念植樹

　艤装期間中のイベントを少し紹介します。

第4章 艦　　　長　157

図 4-24　艦内神社の奉納
甲板に祭壇を整え、祭典を行っているところ。

　艦艇には艦内神社があります。宗教的な意味合いは薄いのですが、艦のお守りのようなものとして定着しています。各艦はそれぞれゆかりの神社（艦の名と通じるような神社、例えば護衛艦「ちとせ」では、千歳神社）からご神体に準ずるものを拝受して、艦内神社に納めます。輸送艦「おおすみ」は、瀬戸内海の大三島にある旧日本海軍とのゆかりの深い大山祇神社にお願いし、宮司にお越しいただき、艦内神社を奉納しました（図4-24）。

　艦内神社の設置場所については、極力神社の上を歩くような所でないこと、なのですが、艦内では、なかなかそのような場所はありません。したがって、「この上は、雲だけ」との意味で「雲」と書いた金属板を神社の上に貼り付けるのです。

　船乗りは、常に航海安全と武運長久を祈っているのです。

　また、他の造船所についてはわかりませんが、三井造船（株）玉野事業所では新造艦艇の就役を記念し、記念植樹を行いまし

た。植樹の際の記念写真、2017（平成29）年夏の写真が下のとおりです。

図 4-25　新造艦艇記念植樹

4）就役訓練―ただならぬ LCAC 訓練―

輸送艦「おおすみ」は就役後の諸訓練に従事することになるのですが、これが本格的に始まるのが、5月ゴールデンウイーク明けとなります。

新造艦が実施する訓練は「就役訓練」と呼ばれ、「おおすみ」の場合、開始が5月ゴールデンウイーク明け、終了が8月末と約4か月でした。護衛艦ではもう少し長くなります。

「就役訓練」は訓練指導部隊の指導協力を得て行います。この基本7部署（57頁にて紹介）は極めて基本的かつ重要なので、徹底して実施しなければなりません。新造艦ですから、チームワークはまだまだです。

指導部隊側指導官からその都度評価を受けます。訓練開始当初

第4章 艦　　長　　*159*

は無残な結果です。「優秀」「優良」「可」「不可」の４段階で、良くて「可」、ほとんど「不可」で、笑い話で「可不可全集（カフカ全集）」と自嘲したものです。とは言え、訓練を重ねていくとそれなりにスキルが向上し、不安なく航海に臨めるようになります。基本７部署が終わると「戦闘訓練」、そして「おおすみ」特有のLCACに関する訓練、輸送艦としての揚陸（車両搭載・陸揚げ）の訓練を実施しました。

　また、飛行甲板もあることから、ヘリコプターの発着、艦上でのヘリコプターへの給油等訓練も行いました。

　これら訓練で、最も苦慮したことはLCACに関わる訓練でした。「おおすみ」から、または「おおすみ」へのLCAC発進（収容）、洋上航走およびビーチング（海岸への揚陸、海岸からの海上進出）等の訓練を実施しなくてはなりません。

　これら訓練項目のうち、発進・収容、洋上航走については海面さえあれば実施できますが、それすら初めて経験するという状況だったのです。

　LCAC発進・収容の際、母艦は艦尾を通常の状態からおおむね1.2メートル程度沈め（艦尾トリム）とし、スターンゲート（艦尾の扉）を開放、これに俯角をかけて海中にスロープをつくり、LCACはスターンゲートを通過してウエルデッキ（LCACの格納デッキ）から海上へ発進、収容時は海上からウエルデッキへと進入することとなります。当初は最適トリム調整を決定するのにかなりの期間を要しました。

　また、海中にスターンゲートを没したまま母艦は航走することとなるので、波・風・うねりに向かっていても波の反流がウエル

デッキ内に進入することがあります。

　したがってスターンゲートの俯角と航走速力は重要な要素となります。これは LCAC を壊したな、と感じた経験があります。それは伊豆大島南端で起きました。

　伊豆大島南方にて航空集団司令官（海将）と第51航空隊司令（1等海佐）が体験乗艇し、LCAC を発進した際のことです。波は次第に高くなり、かつ、うねりも以後大きくなるとの予想はしていましたが、当日最後のオペレーションでもありなんとか運用制限を超えるまでには至らないであろうと判断、LCAC を発進させたのです。

　発進直後 LCAC はうねりに乗って大きく右に傾きながら母艦から離れ、海岸に向かいました。（本来、この時点で危険を認識すべきでありました。）ビーチングは終了、LCAC は海岸を発進、母艦に向かいました。

　さて収容です。波・うねりが高く LCAC の艇体の前半分が母艦の艦尾を通過した際、LCAC が艦尾からのうねりで大きくあおられ、シュラウド（推進プロペラを保護する円状のガード材）がウエルデッキの天井に激突しそうになりました。

　LCAC クルーは現状での母艦進入を即座に断念し、そのまま後進で母艦から離れました。これは見事で、そのまま進入していればかなりの事故になったものと思います。

　さて、それからが大変です。

　早い話が、静かな海面は見当たらない。何回か収容を試みたが結果は同じ、館山湾に向かい静かなところで収容することまで考えたくらいでした。

そうこうしているうちに、なんとか作業ができそうとの海面があり移動して収容を実施しました。それでも一筋縄でできるようなものではありませんでした。

LCACクルーから「速力をあげて艦尾からの反流を抑え、スターンゲートの俯角をやや小さくしたら」との進言もあり何回か収容

図 4-26　艦尾側から見た「おおすみ」
スターンゲートを水中に入れて LCAC を発進・収容します。静かな海面であれば問題ありませんが、「おおすみ」が上下左右に揺れていると LCAC の発進・収容は結構大変です。

図 4-27　LCAC 発進と上陸
LCAC が海面から陸に上がると「Feet Dry」、陸の予定地点で接地すると「Touch Down」とレポートします。

をやり直しました。

　母艦も必死ならばクルーも真剣です。よく考えれば、クルーは母艦の艦尾の状況を一番把握できるのでまさにそのとおりです。以後クルーの進言を積極的に求めたことは言うまでもありません。

　助言どおり実施し、それでも楽勝ではありませんでしたが収容することができました。海将と1等海佐は約2時間LCACに閉じ込められたのです。その後、これほど長時間LCACに乗艇した人はいませんでした。多分、今もいないでしょう。

　考えてみれば向こう見ずなことをやりました。自然を甘くみたこと、実力以上のことをした、ということになります。しかしながら、収容に際しクルーが速力等に関する適切な進言をしたことによって大事には至らなかったのです。

　「部下の一言」により艦長は助けられたのです。

　一般的な話ですが、このように新造艦が任務をこなせるようになるには相応の期間を要します。これは、どのような艦にも言えることで、就役即実任務とはいかないのです。

　前述のように、私は6隻の艦長職を経験しました。輸送艦「おおすみ」の勤務期間は、1年と3週間でした。これほど疲れた勤務はありませんでした。

　第2代艦長に引き継いだ時はホッとしたものです。

補章　海上交通安全確保のための Seamanship

　本書は、2017（平成 29）年 4 月初頭、執筆に着手、当初は「第
4 章　艦長」をもって脱稿と考えていました。ところが、執筆開
始から約 3 か月後の 6 月 17 日深夜、伊豆半島東方海面において
米海軍第 7 艦隊所属のイージス駆逐艦「フィッツジェラルド
(Fitzgerald)」と商船「ACX クリスタル（Crystal）」が衝突、
「フィッツジェラルド」の水線下居住区画にいた乗組員 7 名が、
衝突によって発生した破孔からの浸水により死亡するという痛ま
しい事故がありました。

　両船が衝突に至るまでの経過については、詳細に承知しており
ませんが、同年 8 月 17 日、米海軍第 7 艦隊が同事故の中間的な
レポートをホームページで発表しました。

　その概要は以下のとおりであり、かなり厳しい言葉で「フィッ
ツジェラルド」の目視見張り・レーダー見張り等艦内態勢の不備
を指摘しています。

　「本事故は、避けえるものであったが、「フィッツジェラルド」
と「ACX クリスタル」両船の Poor Seamanship に起因して発
生したものである。「フィッツジェラルド」艦長は、指揮統率能
力に信頼性がないとして解任、同艦副長、先任伍長は航海当直員
の即応態勢等欠如の責任を問われ、これも解任、また、数名の士
官の Poor Seamanship のため、艦橋、CIC の当直員のチームワー
クに欠陥があったとされ、この士官たちも解任された。」

米海軍においては、直ちにこの衝突事故の原因探求と再発防止策を推進していたのでありましょう。

ところが、同年8月21日早朝、さらなる衝突事故が発生したのです。シンガポール沖において米海軍イージス駆逐艦「ジョン・S・マケイン（John S. McCain)」がタンカーと衝突、同艦の乗組員10名が行方不明となったのです。ジョン・S・マケインは「フィッツジェラルド」と同じく第7艦隊所属であり、この2か月の間に第7艦隊所属のイージス駆逐艦2隻の衝突事故が発生したことになります。

米海軍は、この事態を深刻に受けとめ、全艦隊の運用を1〜2日停止し、これら事故の原因を徹底的に究明し、再発防止を行うとの方針を示しました。そして、相次ぐ艦艇の事故の責任をとり、同年8月23日、第7艦隊司令官が解任されました。

以上が2017（平成29）年に発生した米海軍艦艇の衝突事故ですが、この事故を通じ、私は、「フィッツジェラルド」事故関連の第7艦隊中間レポートにある、"Poor Seamanship"の文言に、強烈な印象を受けました。恥ずかしながら、"Seamanship"という言葉は承知しておりましたが、"Poor Seamanship"という文言を目にしたのは初めてであり、このことが「補章」として「海上交通安全確保のためのSeamanship」を追加するきっかけになりました。

"Seamanship"とは、古今東西共通した船乗りとしての操船・操艦術、航海術などのスキルと、船乗りとしての資質・心がけはかくあるべし、を示す言葉と言えるでしょう。

補章　海上交通安全確保のための Seamanship　　*165*

　風向、風速、潮流などが千変万化する海上において、安全に船を進めるためには、リーダーたる船長・艦長はもちろん、配下の士官、下士官等乗組員にあっても、その階級、経験等に応じた"Seamanship"を備えていることが求められると思うのです。

　私は海上自衛隊において水上艦艇勤務を比較的長期間にわたり経験しました。"Seamanship"の、なかんずく船乗りとしての心がけについては士官候補生時代から厳しく指導され、海上自衛隊を退官するまで、この心がけは常に持ち続けたと自負しているところです。

　"Poor Seamanship"は、「Seamanshipのかけらもない」ということで、スキルもなければ、心がけもない、船に乗る者としては、情けない、恥ずかしいことであり、およそ船乗りとしては落第ということになります。

　米海軍（第7艦隊）では2017年1月にもイージス巡洋艦の座礁事故があり、事故報告書には「艦長の航海技量不十分」との記述があるようです。米海軍は超一流の海軍だと思います。艦長も一流の"Seamanship"を備えた士官がついていると思いますが、艦長の養成、選抜に欠陥はないか、艦長教育がシステムや戦闘戦術面に偏向していないか、検証することが必要ではないだろうか、と個人的に思っています。

　戦士である前に、Good Seamanであること、ではないでしょうか。

　今まで述べてきましたことに関連して、海上交通の安全確保という観点から"Seamanship"について述べてみたいと思います。

　"Seamanship"や心掛けに関連しては、旧日本海軍時代からの

ものも含め多くの格言、ことわざなどがあります。これをすべて記述することは紙面の都合上できませんので、海上自衛隊在職中、安全航行の確保、海上交通の安全確保のため、私が常に念頭に置いていたことを述べてみたいと思います。

1) 操艦は「可」でよし　行船は「名人」であるべし

艦を動かす、操ることを操艦（Ship Handling）と言い、特に出入港時の艦長の操艦は注目の的となっています。他の艦が出入港する場合、艦長はじめ士官は、その艦の操艦を見学することを常としています。「見取り稽古」と言い、操艦の感覚を養うには絶好の機会と言えます。将来の艦長を目指す士官にとっては、格好の勉強の題材となります。

操艦には個人差があり、ずば抜けたスキルを保有する艦長、特段うまいとは感じられないが不安はないとか、ある程度レベル分けができるように思います。

昔から操艦のうまい人から順に、そのレベルを評価して「名人」「達人」「上手」「可」「下手」「不可」などと言われたことを思い出しています。私はどのレベルであったかは、定かではありませんが「上手」ではないが「下手」ではなかった、すなわち「可」だったと思っています。

結論から言いますと、操艦のレベルは「可」以上あればよい、と思うのです。他の艦にぶつけて被害を与えたりしなければいいのです。スマートさに欠ける面はありますが、自分の実力を超えることはしない、ということでしょう。

一方、Navigation（海上自衛隊では行船と言います）は、海上衝突予防法等の法規に則った行動が要求されます。自分だけの

補章　海上交通安全確保のための Seamanship　*167*

都合で艦を動かすことがあってはならないのです。その観点から言いますと、行船は「名人」でなくてはならないのです。

私は艦長の折、この点について特に部下を厳しく指導してきました。決して PoorSeaman であってはならないのです。操艦は「可」でよし、行船は「名人」なのです。

ただし、行船の際の緊急操艦を的確に実施できることは、操艦スキル「可」に含まれます。もう一つ、海上自衛隊の場合、「艦隊運動」を行います。これは、艦隊の陣形を変換する―防空陣形から潜水艦捜索陣形への変換など―時に実施するのですが、例えば夜間、非常にタイトな陣形の中で多くの艦艇が運動することがあります。この時も自分の都合のみで動いていくことは極めて危険な状況を引き起こすことがあります。

「全体の中の1艦」としての運動が要求されます。これも「名人」でなくてはなりません。

2）頭より速く艦（フネ）を走らすな

これは旧日本海軍から引き継がれている名言と言えます。

海上における事故は操艦者の頭脳能力を超えて艦が走っている、そして、これに伴い、周囲の状況も操艦者の手に負えなくなっている、このような時に起こっています。「自分のコントロールできるスピードで走れ、背伸びは禁物」という戒めです。

艦（フネ）が18ノットで航行する、ということは1秒間に約9メートル進んでしまいます。自分の能力を超えて数万トンの巨体が、と考えたらゾッとします。

3）朝日（夕陽）とサングラス、夜航海とサングラス

太陽が燦々と輝く海面は眩しいものです。特に朝日（夕陽）に

向かって航行するときはサングラスなしでは前方が良く見えません。

その昔、艦が朝日に向かう針路で、部下の当直士官がサングラスなしで勤務しておりました。非常に気になったので、「サングラスをかけないのか？」と言いましたら、「以前乗り組んでいた艦において、サングラスは生意気だ！」と言われたそうです。「馬鹿野郎！とんでもない話だ！俺はサングラスをかけないことが自分のスキルを超えて生意気だ！」と指導しました。こんなことをいう艦長もいるのか、と思った次第です。

夜航海は満天に星が望め、夜光虫による神秘的な艦の航跡など、ロマンチックなものです。一方、漆黒の闇は夜航海の怖さを感じさせます。昔から言われていますが「夜間戦闘ができたら一人前」という言葉も理解できます。

夜航海で怖いのは「暗順応」でしょう。明るい所から真っ暗な所に移動しますと、周りが良く見えるまで相当の時間を要します。

特に士官室から艦橋に上がる時など、士官室内は赤色灯として暗くはなっていますが、それでも「暗順応」の時間は要します。

私は、初級士官の頃から夜航海においても士官室等においてはサングラスをかけ、短時間での「暗順応」に努めてきました。

朝日（夕陽）の件とあわせ、最近は度付きのサングラスが購入できますので、近視の人もありがたいことでしょう。安全航海には徹底した対策が必要です。

4）慣れた航路も初航路

これも昔から言われていることで、いつも航行する母港付近の航路も、初めて通る航路と同じく慎重に、ということです。

補章　海上交通安全確保のための Seamanship　*169*

不思議なもので、慣れてしまうと、自分はベテランではないか、と錯覚するのではないでしょうか。初めての航路だと、徹底して研究するのでしょうが、いわゆる常用航路については慣れが生じて、逆に危険に陥りやすいかもしれません。

海をなめたら、強烈なしっぺ返しをくらうのではないかと思います。

5）スマートで　目先が利いて　几帳面　負けじ魂　これぞ船乗り

「スマートで　目先が利いて　几帳面　負けじ魂　これぞ船乗り」の言葉は、旧日本海軍の良き伝統を海上自衛隊が引き継いでいる好例であり、"Seamanship" そのものを表現していると考えています。

以下、この言葉の解釈を述べますが、この心がけを探求することによって、航海術等のスキルも向上していったと思っています。

（スマート）

　敏捷である、動きに無駄がない、颯爽としている、洗練されている、形式にこだわらない、明朗である、ユーモアがある、などをまとめたものと言えます。

（目先が利く）

　先のことを考えている、臨機応変である、視野が広い、気配りができている、などです。

（几帳面）

　責任観念が旺盛である、時間を守る、確実である、など事に臨んで十分な用意ができている、ということです。

（負けじ魂）

　困難な局面においても任務を投げ出すことなく、全力で最

後まで努力する

ことを表現しています。

以上、人生を送るに当たっても素晴らしい言葉とも言えます。

6）謙虚さと注意深さ

最後に船乗りの具備すべき資質の最も大切なことについて私の考えを述べて本章を閉じることとします。

私の経験から、船乗りの具備すべき資質の最も大切なことは「謙虚さ」と「注意深さ」の２点に集約されると思っています。

「自然には勝てない、自然を利用するほどの力もない、謙虚に自然と付き合う」これこそ船乗りが肝に銘じておくべきことだと思うのです。そして、これでもか、これでもかの事前の準備、四周に常に気を配り徹底的に不安全要素等を排除するなどの「注意深さ」もあわせて必要であると思っています。

これは海上自衛官（１等海佐および２等海佐用）の制帽です。帽章は錨にチェーン（錨鎖）をからませた美しいデザインです。

しかしながら、錨を揚げていざ出港、という時に、錨に錨鎖が

帽章には戒めの錨

からんでしまうと出港できません。船乗りとしては最も恥ずかし
い事象で、まさしく PoorSeaman なのです。

　そのようにならないための「戒め」が帽章にあるのです。

　そして、最後の最後に、「今　安全でも　次　何があるかわか
らないそれが海の上」。

あ と が き

　海上自衛隊奉職34年間、うち23年間の海上勤務（艦隊勤務）の経験を基に、海上自衛隊の生い立ちに始まり、水上艦艇の組織・編成・活動等の概要について紹介してまいりました。日頃接することのない海上自衛隊水上艦艇の任務・訓練等の活動の紹介に重点を指向し、その中で極力多くのことを述べたい、との思いで執筆いたしました。

　しかしながら、紙面の関係、筆者の力不足もあり、海上自衛隊水上艦艇の活動等に関するほんの一部の紹介にとどまり、やや物足りなさを感じられる読者もおられるかと思います。

　本書は、いろいろな方に読んでいただけると幸いなのですが、特に海上自衛隊の幹部候補生、初級士官の方々、これから海上自衛隊に入隊しよう、水上艦艇に乗り組んで仕事をしてみよう、と考えておられる大学生、高校生さらには中学生、そしてそのご両親の方々への海上自衛隊水上艦艇の入門書・手引きとして活用していただければ望外の幸せであります。

　本書執筆に当たっては、防衛省海上幕僚監部広報室から多くの資料・情報を、海上自衛隊呉地方総監部広報係からは写真データを提供していただきました。また、執筆内容等については筆者のクラス、元自衛艦隊司令官・牧本信近氏から的確な助言をいただきました。さらに、呉市在住の海上自衛官OBの中原信久氏（筆者の元部下）は多くの情報、写真等の収集に奔走し、筆者を支援してくれました。

以上のご支援・ご助言等があり、本書は完成いたしました。筆者に本書執筆を勧めていただいた成山堂書店殿も含め、厚くお礼申し上げる次第です。

　海上自衛隊は、"整備と訓練"の時代から"運用"の時代に入っております。国内はもとより、海外での活動も多くなり、海上交通・海上安全を守る本格的な"OCEAN NAVY"として任務を遂行しています。海上自衛隊、とりわけ水上艦艇部隊のさらなる活躍と武運長久を祈念して本書を閉じることとします。

　2018年5月

山 村 洋 行

参 考 文 献

1．「平成 29 年版　防衛白書　日本の防衛」防衛省編集（日経印刷）
2．「岐路に立つ自衛隊」夏川和也・山下輝男　共著　（文芸社）
3．「完全保存版　自衛隊 60 年史（別冊宝島　２３７７）」志方俊之監修（宝島社）

索　引

和文索引

〔あ行〕

当て舵……………………………… 54
アデン湾……………………………… 15
暗順応……………………………… 168
イージス艦……………………… 6, 71
一側回頭法……………………… 63
インド洋……………………… 13
インド洋における補給支援活動… 17, 93
ウエルデッキ……………………… 46
運用作業……………………… 91
"運用" の時代 ……………… 18, 35
江田内……………………… 123
江田島……………………… 122, 123
江田島湾……………………… 123, 127
遠（エン）……………………… 81
遠航……………………… 49
エンジン……………………… 25, 60
遠洋練習航海……… 31, 37, 49, 126, 127
オイルルート……………………… 15
応急……………………… 25, 102
応急操舵……………………… 56, 60
応急長……………………… 27
オクシ……………………… 43
オペレーション……………………… 111
音響探信儀……………………… 67

〔か行〕

海軍再建計画……………………… 1
海軍操練所……………………… 122
海軍伝習所……………………… 122
海軍兵学寮……………………… 122
海軍兵学校……………………… 122, 123
外交的役割……………………… 10, 31
会合点……………………… 95
海上警備行動……………… 16, 35, 36
海上警備隊……………………… 2
海上交通の安全確保…… 10, 30, 66, 165
海上交通路……………… 3, 9, 16, 67
海上自衛隊……………………… 1, 6, 8
海上自衛隊演習……………………… 12
海上自衛隊幹部候補生学校………… 122
海上衝突予防法……………… 58, 142
海上阻止行動……………………… 14
海上における警備行動……… 11, 31
海上保安庁……………………… 2, 30
海上防衛……………………… 10
海上防衛力……………………… 10, 28
海賊行為……………………… 15
海賊対処法……………………… 16
海洋安全保障……………………… 30
海洋国家……………………… 9
海洋秩序維持……………………… 11
火災……………………… 63
舵……………………… 24, 60

舵取機················60	挟叉···············82
科長···············26	共同訓練···········11, 31, 106
科編成············23, 24	教練···············62
観艦式···············33	機雷················3
艦橋···············58	機雷艦艇············19
艦橋命令簿············142	旗りゅう信号··········24
艦載ヘリコプター········67	近（キン）···········81
艦首旗·············114	クラス·············126
環太平洋合同演習········12	クリスタル··········163
艦長······23, 26, 110, 122, 139	訓育·············120
艦艇···············19	訓練···············34
艦内神社············157	訓練支援············19
艦内編成············23	訓練支援艦··········20, 87
幹部候補生······122, 123, 124, 125	警衛海曹············28
幹部候補生学校········49, 126	警戒監視活動········11, 30
カンボジアPKO········35	警察的役割·········11, 30
旗艦·············106	警察予備隊············1
機関科············23, 25	警備艦···············19
機関士···············26	警備隊················2
機関長···············26	下士官···············27
機関砲···············84	原子力災害派遣········36
北大西洋条約機構········12	航海科··········23, 24, 28
北朝鮮弾道ミサイル発射への対処······36	航海長···············26
几帳面·············169	航空集団···············7
記念植樹············157	航空標的············83
基本7部署 ···········57	交叉方位法··········131
9.11事案 ···········35	高性能20ミリ機関砲······84
9.11同時多発テロ ·······37	行船·············167
給油艦···············92	甲板掃除············110
給油艦「はまな」········92	護衛艦·····3, 6, 7, 19, 23, 33
教育航空集団············7	護衛艦「みねゆき」······38, 96

索　引　177

護衛艦隊…………………………… 7	自衛艦隊…………………………… 6, 7
護衛作戦訓練………………………68	自衛隊法…………………………… 2
護衛隊………………………………66	士官…………………………… 27,110
護衛隊群……………………………66	事後研究会………………… 69, 82
個艦訓練……………………………55	実習幹部…………………… 27, 127
国際協調主義………………………30	室蘭港………………………………42
国際緊急援助活動…… 11, 35, 36	周辺海域の警戒監視………… 29, 37
国際親善……………………………31	就役訓練……………………… 158
国際平和維持活動…………………13	受給艦………………………………95
国際平和協力活動………… 11, 17, 37	術科…………………………………55
国際平和協力法……………………13	術科学校……………………………56
国土・周辺海域の防衛………… 10, 29	出港………………………… 57, 58
国防の基本方針…………………… 3	16 大網……………………………… 5
国連平和維持活動………………35	哨戒艦艇……………………………19
五省……………………………… 125	情報業務群………………………… 7
個人訓練……………………………55	上陸………………………………… 109
国家安全保障戦略…………………30	上陸許可…………………………… 121
固定翼哨戒機………………… 16,67	昭和 52 年度以降に係る防衛計画の大網
5 分前の精神……………………… 124	……………………………… 5
51 大網……………………………… 5	初級士官…………………… 26, 122
コンパス………………………… 131	進出速力…………………… 141
	浸水………………………………… 63
	親善訓練……………… 11, 31, 106
〔さ行〕	スアイ………………………………42
災害派遣……… 11, 29, 30, 34, 36	水上艦艇……………………………19
再構成作業………………… 70, 78	水上射撃訓練………………………79
サムライ配置………………………27	水中自走標的………………………89
サングラス………………… 167, 168	水雷士………………………………26
珊瑚海海戦………………… 75, 129	水雷長………………………………27
シーレーン…………………………30	スマート…………………………… 169
自衛艦旗…………………………… 114	スリーローテーション……………… 134
自衛艦乗員服務規則………………… 139	

スリップ………………………70	ソフトキル………………………72
正横………………………………97	ソマリア沖………………………15
整備長……………………………27	ソマリア沖海賊対処活動………17, 36
"整備と訓練"の時代 ………12, 18, 34	
世界三大兵学校…………………123	〔た行〕
積極的平和主義…………………30	ターゲットドローン……………87
07大網 ……………………… 5	第151連合任務部隊 ……………16
08遠航 ……………………… 144	第1術科学校 …………… 56, 123
潜水艦………………6, 7, 19, 69	第2術科学校 ……………………56
潜水艦隊………………………… 7	第3術科学校 ……………………56
全体の中の1艦 …………………167	第4術科学校 ……………………56
戦闘編成…………………………24	第1次防衛力整備計画(1次防)〜
先任海曹室………………………111	第4次防衛力整備計画(4次防)…… 3
先任伍長……………………28, 111	対空射撃訓練……………………82
船務科…………………23, 24, 28	対空戦……………………… 66, 71
船務士……………………………26	対水上戦…………………… 66, 74
船務長……………………………26	対潜水艦戦………………… 66, 67
掃海……………………………… 3	大砲・機関砲射撃訓練…………79
掃海艦……………………………19	舵機室……………………………61
掃海作業………………………2, 13	多国籍軍…………………………12
掃海隊群………………………… 7	舵故障……………………… 60, 61
掃海艇…………………………7, 19	タスクグループ………… 66, 102, 105
掃海部隊………………………… 2	立て付け…………………………53
掃海母艦………………………7, 19	ダメージコントロール…………25
掃海母艦「はやせ」……………13	試し撃ち(試射)………………81
操艦……………………… 166, 167	短魚雷……………………………89
操舵装置…………………………24	短射程SAM ……………………87
ソーナー…………………………67	担当警備区……………………… 8
ゾーンディフェンス……………16	弾道ミサイル発射対応………29, 35, 108
即応態勢…………………………29	弾道ミサイル防御………………72
ソノブイ…………………………67	地方総監………………………… 8

索　引　179

地方隊………………………… *7, 8*	日本海海戦…………………………… *74*
中期防衛力整備計画（中期防）……… *5*	日本掃海部隊…………………………… *1*
中堅士官…………………………… *122*	入港…………………………… *56, 57*
中国原潜の領海内潜没航行事案……… *36*	任務課程…………………………… *134*
長射程 SAM …………………………… *86*	
朝鮮戦争………………………………… *1*	〔は行〕
強い艦…………………………………… *58*	ハードキル…………………………… *72*
定係港………………………………… *109*	パート長……………………………… *27*
ディリ………………………………… *43*	パールハーバー……………………… *52*
溺者救助…………………………… *56, 61*	排他的経済水域（EEZ）……………… *9*
テロ対策特措法……………………… *13*	ハイライン…………………………… *40*
テロ対策特措法に基づく協力支援活動	墓参り艦隊…………………………… *146*
……………………………… *36*	発光信号……………………………… *24*
テロとの戦い………………………… *15*	発電機………………………………… *25*
東京丸………………………………… *123*	パルミラ……………………………… *51*
同航射撃……………………………… *80*	反航射撃……………………………… *81*
統合幕僚長……………………………… *7*	東チモール PKO ……………………… *38*
同時多発テロ事件…………………… *13*	東チモール国際平和協力業務………… *37*
当直士官…………………… *57, 111*	東チモール派遣海上輸送部隊………… *38*
答礼…………………………………… *115*	東日本大震災………………………… *36*
トップダウン………………………… *140*	飛行科…………………………… *23, 25*
ドライブスルー……………………… *45*	飛行士………………………………… *26*
トランシット………………………… *150*	飛行長………………………………… *26*
	錨鎖…………………………………… *113*
	表桟橋………………………………… *127*
〔な行〕	フィッツジェラルド………………… *163*
内務編成……………………………… *28*	部下の一言…………………………… *162*
西太平洋掃海訓練……………………… *3*	不朽の自由作戦…………………… *13, 93*
25 大網 ……………………………… *5, 30*	副直士官……………………………… *111*
22 大網 ………………………………… *5*	副長…………………………… *23, 26*
日米統合実動演習…………………… *12*	部署…………………………………… *56*
日章旗………………………………… *114*	

不審船	35, 36	砲術長	27
不審船対処	29	防水	56, 63
部隊訓練	55	防水訓練	118, 119
ブリッジ	58	帽振れ	127
分隊士	28	砲雷科	23, 24
分隊整列	115	砲雷長	26
分隊先任海曹	28	ホーミング	89
分隊長	28	補給科・衛生科	23, 25
分隊編成	23, 28	補給艦	92
兵	27	補給艦「さがみ」	42, 96
米海軍第7艦隊	163	補給支援特措法	14

補給支援特措法に基づく補給支援活動
··········· 36

平成17年度以降に係る防衛計画の大網	5	補給長	26
平成23年度以降に係る防衛計画の大網	5	補給本部	7
平成26年度以降に係る防衛計画の大網	5	母港	109
平成8年度以降に係る防衛計画の大網	5	補助艦	19
平成8年度遠洋練習航海	143	補助艦艇	6
ヘリコプター	25	ポツダム宣言	1
ペルシャ湾	3, 12, 30	ボトムアップ	140

ペルシャ湾への掃海部隊派遣
··········· 13, 17, 35, 36

本射		82

保安庁	2		
防衛計画の大網	5, 30		

〔ま行〕

防衛交流	11, 31	負けじ魂	169
防衛大臣	7	増し舫をとる	112
防衛庁設置法	2	マラッカ海峡	30
防衛的役割	10, 29	マリアナ沖海戦	75
防衛力整備計画	3	ミサイル護衛艦	71
防火	56, 63	ミサイル射撃訓練	86
防火訓練	118	ミサイル艇	19
砲艦外交	31	三井造船㈱玉野事業所	38, 152, 157
砲術士	26		

ミッドウエー海戦……………… 75, 129

南太平洋海戦…………………………… 75

無線誘導式無人ジェット標的機……… 87

霧中航行……………………… 56, 58

目先が利く…………………………… 169

もやい………………………………… 112

〔や行〕

輸送艦…………………………………… 7

輸送艦「おおすみ」…………… 38, 96

輸送艦艇………………………………… 19

洋上慰霊祭…………………… 130, 146

洋上給水……………………………… 40

洋上給油……………………………… 14

洋上補給……………………… 14,91, 94

翼角…………………………………… 53

翼角制御……………………………… 53

横付け………………………………… 112

〔ら行〕

ランデブーポイント………………… 95

陸上自衛隊……………………………… 1

リコン作業…………………………… 70

リムパック…………………………… 12

レイテ沖海戦………………… 75, 129

レーダー……………………………… 67

練習艦…………………………… 6, 19

練習艦隊…………………… 7, 127,128

練習艦隊司官………………………… 128

練習潜水艦…………………………… 20

〔わ行〕

湾岸戦争……………………………… 12

欧文索引

Active Operation ……………… 67

ACX ………………………… 163

AIR TO SURFACE MISSILE ………… 71

Air Warfare ……………………… 71

Anti-Submarine Warfare …………… 67

ASM ……………………… 71, 72

ASROC ……………………………… 89

ASW ……………………………… 67

AW ……………………………… 71

CHIEF PETTY OFFICER ………… 111

CO ……………………………… 26

COASTSAL NAVY ………………… 92

Commanding Offier ……………… 26

CPO ……………………………… 111

CTF151 ………………………… 16

CTF151 司令官………………………… 17

DAMAGE CONTROL …………… 102

DDG ……………………………… 71

Executive Officer ………………… 26

Fitzgerald ………………………… 163

LA01 ……………………………… 43

LA02 ……………………………… 43

LCAC ………………… 38, 40, 43, 44

MOOTW ……………………… 65

NATO……………………………… 12

NAVAL SHIP ……………………… 65

Navigation ……………………… 166

OCEAN NAVY	92	Speed of Advance	141
OTH Targetting	77	SSM	71, 75, 88
PAC 射撃	84	SSM ハープーン	75
Passive Operation	67	SURFACE TO AIR MISSILE	71, 86
Peace keeping Operations	35	SURFACE TO SURFACE MISSILE	
PIMPAC（環太平洋諸国海軍合同演習）			71, 88
	107	Surface Warfare	74
PKO	37	SUW	74
Poor Seamanship	163, 164	U-36A	82, 83
PoorSeaman	167, 171	UNDERWATER TO SURFACE MISSILE	
Reconstruction	70		71
RIMPAC	12	USM	71
SAM	71, 86	VERTICAL LAUNCH ASROC	90
Seamanship	169	VLA	90
Ship Handling	166	XO	26
SOA	142		

「交通ブックス」の刊行にあたって

　私たちの生活の中で交通は，大昔から人や物の移動手段として，重要な地位を占めてきました。交通の発達の歴史が即人類の発達の歴史であるともいえます。交通の発達によって人々の交流が深まり，産業が飛躍的に発展し，文化が地球規模で花開くようになっています。

　交通は長い歴史を持っていますが，特にこの200年の間に著しく発達し，新しい交通手段も次々に登場しています。今や私たちの生活にとって，電気や水道が不可欠であるのと同様に，鉄道やバス，船舶，航空機といった交通機関は，必要欠くべからざるものになっています。

　公益財団法人交通研究協会では，このように私たちの生活と深い関わりを持つ交通について少しでも理解を深めていただくために，陸海空のあらゆる分野からテーマを選び，「交通ブックス」として，さしあたり全100巻のシリーズを，（株）成山堂書店を発売元として刊行することにしました。

　このシリーズは，高校生や大学生や一般の人に，歴史，文学，技術などの領域を問わず，さまざまな交通に関する知識や情報をわかりやすく提供することを目指しています。このため，専門家だけでなく，広くアマチュアの方までを含めて，それぞれのテーマについて最も適任と思われる方々に執筆をお願いしました。テーマによっては少し専門的な内容のものもありますが，できるだけかみくだいた表現をとり，豊富に写真や図を入れましたので，予備知識のない人にも興味を持っていただけるものと思います。

　本シリーズによって，ひとりでも多くの人が交通のことについて理解を深めてくだされば幸いです。

　　　　　　　　　　　　　　公益財団法人　交通研究協会

　　　　　　　　　　　　　　　理事長　住 田 親 治

「交通ブックス」企画編集委員

名誉委員長　住田　正二（元東日本旅客鉄道(株)社長）

　委員長　住田　親治（交通研究協会理事長）

　　　　　加藤　書久（交通研究協会会長）

　　　　　青木　栄一（東京学芸大学名誉教授）

　　　　　安達　裕之（日本海事史学会会長）

　　　　　佐藤　芳彦（(株)サトーレイルウェイリサーチ代表取締役）

　　　　　野間　　恒（海事史家）

　　　　　橋本　昌史（前航空科学博物館理事長）

　　　　　平田　正治（航空評論家・元航空管制官）

　　　　　小川　典子（成山堂書店社長）

（2018 年 4 月）

著者略歴

山村洋行（やまむら　ひろゆき）

1．最終配置：第1輸送隊司令（1等海佐）
2．主要職歴：

昭和44年	3月	防衛大学校（13期）卒業・海上自衛隊入隊
62年	3月	護衛艦ちとせ艦長
63年	3月	護衛艦しまゆき艦長（昭和63年度遠洋練習航海部隊随伴艦艦長）
平成元年	8月	大湊地方総監部防衛部第3幕僚室長
4年	3月	護衛艦はたかぜ艦長
5年	7月	護衛艦はるな艦長
6年	12月	舞鶴地方総監部監察官
7年	12月	練習艦かしま艦長（平成8年度遠洋練習航海部隊旗艦艦長）
8年	11月	輸送艦おおすみ艤装員長
10年	3月	輸送艦おおすみ艦長
11年	3月	第2海上訓練指導隊司令
12年	7月	第1練習隊司令
14年	3月	第1輸送隊司令（PKO・東チモール派遣海上輸送部隊指揮官）
15年	1月	海上自衛隊退官
21年	6月	NPO法人平和と安全ネットワーク事務局長（現任）
28年	3月	流通産業協同組合代表理事（現任）株式会社東輝建設取締役（現任）

交通ブックス221

海を守る海上自衛隊　艦艇の活動

定価はカバーに表示してあります。

2018年6月18日　初版発行

著　者　山村洋行
発行者　公益財団法人交通研究協会
　　　　理事長　住田親治
印　刷　三和印刷株式会社
製　本　株式会社難波製本

発売元　株式会社成山堂書店

〒160-0012　東京都新宿区南元町4番51　成山堂ビル
TEL：03(3357)5861　FAX：03(3357)5867
URL http://www.seizando.co.jp
落丁・乱丁本はお取り換えいたしますので,小社営業チーム宛にお送り下さい。

©2018 Hiroyuki Yamamura
Printed in Japan　　　　　　　ISBN978-4-425-77201-8

成山堂書店の海運・船舶関連書籍 わかりやすい！交通ブックスシリーズ

204 七つの海を行く
池田宗雄 著　－大洋航海のはなし－【増補改訂版】
四六判・268頁・定価 本体 1800 円

208 新訂 内航客船とカーフェリー
池田良穂 著
四六判・204頁・定価 本体 1500 円

211 青函連絡船 洞爺丸転覆の謎
田中正吾 著
四六判・238頁・定価 本体 1500 円

215 海を守る 海上保安庁 巡視船 (改訂版)
邊見正和 著
四六判・234頁・定価 本体 1800 円

217 タイタニックから飛鳥Ⅱへ
竹野弘之 著　－客船からクルーズ船への歴史－
四六判・290頁・定価 本体 1800 円

218 世界の砕氷船
赤井謙一 著
四六判・224頁・定価 本体 1800 円

219 北前船の近代史【改訂増補版】
中西聡 著　－海の豪商たちが遺したもの－
四六判・208頁・定価 本体 1800 円

220 客船の時代を拓いた男たち
野間恒 著
四六判・236頁・定価 本体 1800 円

※定価はすべて税別です。